巅峰使命

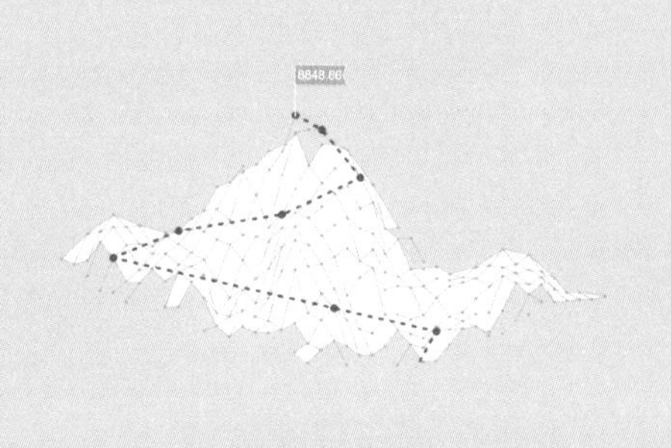

青藏科考与探险

Peak Mission

Scientific Research and Exploration on the Qinghai-Tibet Plateau

池建新　赵宏林　主编

丁　林　审定

中国科学技术出版社

·北　京·

图书在版编目（CIP）数据

巅峰使命：青藏科考与探险 / 池建新，赵宏林主编．-- 北京：中国科学技术出版社，2023.6
ISBN 978-7-5236-0179-2

Ⅰ．①巅… Ⅱ．①池… ②赵… Ⅲ．①青藏高原—科学考察 Ⅳ．① N82

中国国家版本馆 CIP 数据核字 (2023) 第 069022 号

策划编辑	徐世新
责任编辑	向仁军
封面设计	锋尚设计
正文排版	玉兰图书设计
责任校对	邓雪梅
责任印制	李晓霖
出　　版	中国科学技术出版社
发　　行	中国科学技术出版社有限公司发行部
地　　址	北京市海淀区中关村南大街 16 号
邮　　编	100081
发行电话	010-62173865
传　　真	010-62173081
网　　址	http://www.cspbooks.com.cn
开　　本	889mm × 1194mm　1/16
字　　数	283 千字
印　　张	19.75
版　　次	2023 年 6 月第 1 版
印　　次	2023 年 6 月第 1 次印刷
印　　刷	北京瑞禾彩色印刷有限公司
书　　号	ISBN 978-7-5236-0179-2/N · 309
定　　价	198.00 元

青藏高原的绝美风景

青藏高原，是世界最高的高原，有“世界屋脊”之称。它西起于帕米尔高原和喀喇昆仑山脉，东及横断山和云南高原、濒临四川盆地，北界昆仑山—祁连山，南抵喜马拉雅山。青藏高原总面积约250万平方千米，绝大部分位于中国境内，包括西藏自治区、青海省大部分及新疆维吾尔自治区、甘肃省、四川省与云南省等部分地区，约为中国陆地总面积的1/4。高原平均海拔超3500米，许多高峰在7000米以上，这些高大山脉构成了青藏高原地形的骨架。它是地球上中低纬度地区最大的冰川作用中心，约占中国冰川总面积的84%。

三江源，是长江、黄河、澜沧江三大河流的发源地，有“中华水塔”之称。三江源，位于世界屋脊青藏高原腹地、青海省南部，是中国海拔最高的天然湿地和面积最大的自然保护区。它的平均海拔在 4000 米以上，总面积为 30 多万平方千米，约占青海省总面积的 43%。

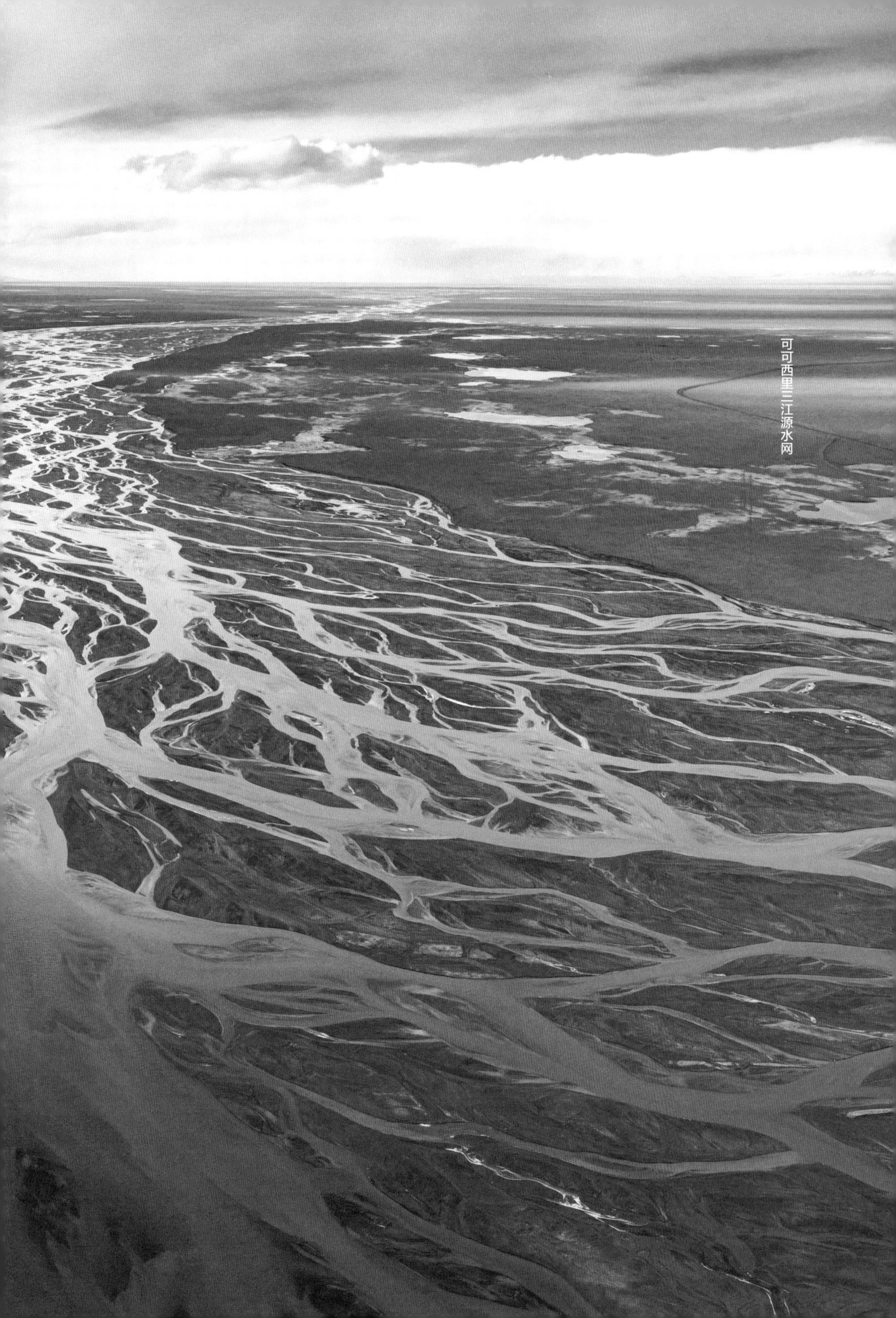

可可西里三江源水网

池建新

著名纪录片制作人。中央新影集团副总经理，发现纪实传媒有限公司董事长兼总经理。中国电影家协会理事，首都纪录片发展协会科学纪录片专委会秘书长。中国传媒大学客座教授。

编撰了大型系列图书《中国电影百年精选》，出版了著作《频道先锋——电视频道运营攻略》。

代表作包括《手术两百年》《中国手作》《留法岁月》《人参》等大型纪录片；创建央视《百科探秘》《创新无限》《文明密码》《考古拼图》《第 N 个空间》《创业英雄》等栏目，担任制片人。

带领的团队获得金鸡奖、百花奖、星花奖、中国纪录片十佳十优、纪录中国、中国纪录片学院奖、中国广播电视协会颁发奖项等各类奖 100 多项。

赵宏林

影视节目策划人、纪录片导演。中央新影集团发现纪实传媒有限公司项目负责人。

多次前往青藏，拍摄了《大河源》《极限火车》《天地唐卡》等多部影片，出版纪录片同名图书《帝都泱泱》。

2020 年，带领纪录片团队全程跟踪拍摄了中国最新珠峰高程测量活动，担任总导演，创作出品了《登峰》《珠穆朗玛》两部纪录片，获得国内外多项大奖。

曾获得中美电影电视节金天使奖、国家广电总局创作与扶持年度最佳长片、中国纪录片十佳十优作品、中国纪录片学院奖、中国科协中国龙奖等各种奖项 20 多项。

序

挺进第三极

青藏高原，南起喜马拉雅山脉南缘，北至昆仑山、阿尔金山和祁连山北缘，东西长约2800千米，南北宽300～1500千米，地区总面积250余万平方千米，海拔高度一般在4000米以上，是中国最大、世界海拔最高的高原，素有“世界屋脊”和“地球第三极”之称。

青藏高原是亚洲十多条大江大河的发源地，与中国及周边地区生态安全息息相关。因为这种重要性，青藏高原俨然成为一个地球系统科学的天然实验场。

中华人民共和国成立前，青藏高原的相关考察基本都是西方探险家完成的。中华人民共和国成立后，中国科学家开始了一系列自力更生的青藏高原综合科学考察。20世纪70年代，中国科学家对青藏高原进行了首次大规模科学考察。考察项目涵盖地质、地球物理、地貌与第四纪、古脊椎动物与古人类和动植物、农业等50多个学科。考察获得了大量第一手资料，填补了青藏高原一些地区和学科研究的空白。

从20世纪90年代开始，青藏高原综合科学考察队的研究工作进入了一个崭新时期。在这个时期，科学研究更紧密结合了青藏高原地区的社会经济发展需求，积极开展青藏高原资源合理开发和经济发展规划的研究工作。比如中科院和青海省共同组建可可西里地区综合科学考察队，开展以可可西里山为主体的区域考察研究；青藏高原综合考察研究被纳入国家攀登计划；“青藏高原形成演化、环境变迁与生态系统研究”被列为国家重大基础研究项目；由理论研究向纵深发展的“973”项目；第二次青藏高原综合科学考察，发现青藏高原生态系统趋好的同时，潜在风险增加，亚洲水塔失衡，冰崩等新灾、巨灾频发等。

2022年，“巅峰使命2022——珠峰极高海拔地区综合科学考察研究”在珠峰地区全面开启。此次珠峰科考将首次应用先进技术、方法和手段，重点聚焦水、生态、人类活动，着力解决青藏高原资源环境承载力、灾害风险、绿色发展途径等方面的问题。

半个多世纪以来，中国青藏高原综合科学考察研究工作走过了不平凡的历程，同时也造就和团结了一大批具有科学献身精神的科学考察人才。他们当中既有以两院院士为代表的 40 多位老科学家，还有一大批活跃在青藏高原科学考察第一线的中青年科学家。青藏科考的历程记载了中国科学家不断奋斗的足迹，更是中国这条东方巨龙从沉睡到苏醒的历史见证。

本书拣选六大青藏科学考察的里程碑，通过挺进珠穆朗玛峰、三江源大科考、探秘可可西里、穿越喜马拉雅、重返天堂、居住在青海湖畔六大章节，带领读者感受青藏科考的激荡岁月。

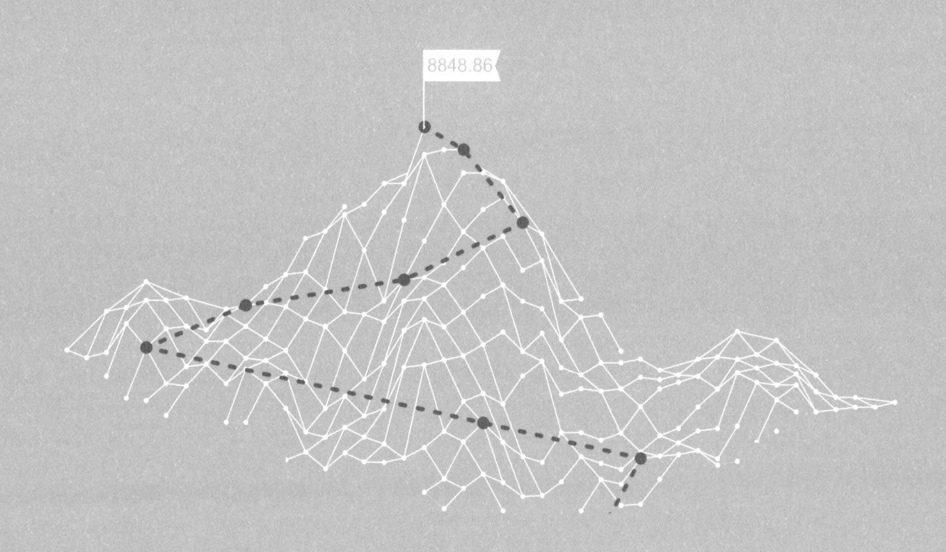

目录

第三章　探秘可可西里 147

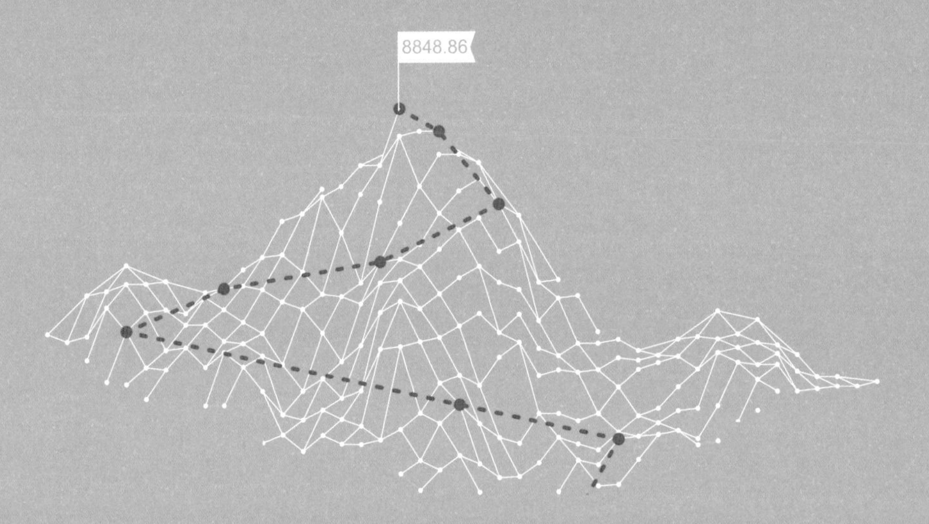
8848.86

第一章

挺进珠穆朗玛峰

珠穆朗玛峰傲立于地球之巅，
一览众山，白雪皑皑。
如果说山高水长，
那么常年被积雪覆盖的珠穆朗玛峰，
不仅是世界最高峰，
它还孕育着冰川，
影响着气候，
它也是全球最高的水塔。
有了水，才有生命。

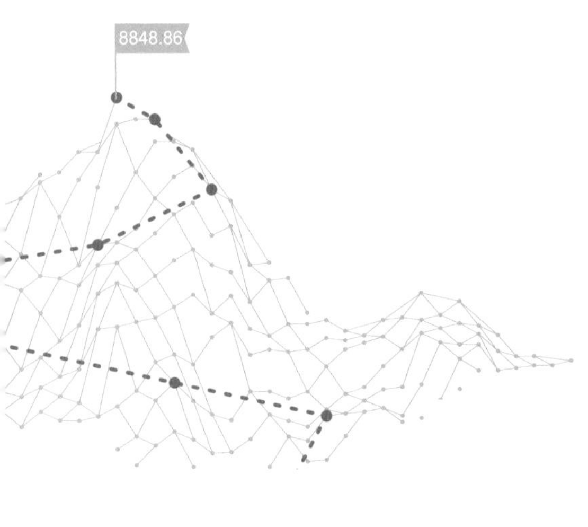

“巅峰使命”珠穆朗玛峰科考

最精确的海拔高度

这里就是神秘而又迷人的珠穆朗玛峰了。

2020 年 4 月，由中华人民共和国自然资源部组织的 2020 珠穆朗玛峰高程测量活动正式启动，中国国家测量登山队第三次对珠穆朗玛峰进行高程测量活动，前面两次都因为天气原因登顶未果。

天时地利人和，这次珠穆朗玛峰高程测量登山队顺利登

白雪皑皑的珠峰

珠峰北坡

北坡的冰雪

科考队员在珠峰工作场景

登上珠穆朗玛峰后队员们欢呼起来

上了珠穆朗玛峰。

大半年后的 12 月 8 日，通过科学严谨的测算，得到这座世界第一高峰的最新海拔高度是 8848.86 米。中国国家主席习近平同尼泊尔总统班达里互致信函，共同宣布珠穆朗玛峰这一最新高程。

这次珠穆朗玛峰高程测量是中国对珠穆朗玛峰展开的第四次大规模测绘和科考，相关数据达到了历史最高测量精度。

向珠峰迈进

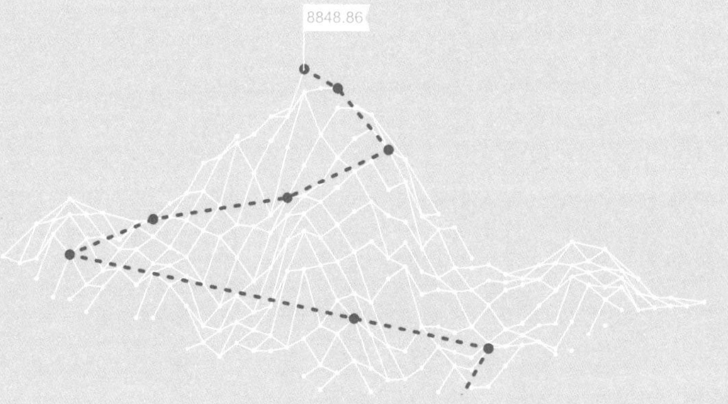

相依相伴，登上珠穆朗玛峰

羽绒服、睡袋、棉被、帐篷，居然还有一台冰柜，珠峰高程测量登山队正在整理行装，看上去并不像专业的高海拔装备。然而在接下来的一段日子里，他们将相依相伴，目标正是珠穆朗玛峰。

这次珠峰科考队主要包括 8 名成员，他们需要进行一些必要的野外科考工作，主要包括水质检测、空气样品采集，以及绒布冰川的形貌扫描等。

从 2017 年开始，中国科学院组织开展了一次全方位的青藏高原大型科学考察活动。其中，对珠穆朗玛峰地区的科考工作显然是不可或缺的重要环节。由中科院所属的西北生态环境资源研究院负责对珠峰地区的气候变化与水系环境进行科学而量化的取证考察。

珠穆朗玛峰作为喜马拉雅山脉的主峰，虽然位于青藏高原的南部边缘，却是这个世界屋脊上的宝顶，孑然而立，卓尔不群。

在西藏自治区定日县，有一个叫作加乌拉山口的地方，放眼南望，就可以看到珠峰和旁边 4 座海拔 8000 米以上的雪峰。而此次科学考察活动就是从采集珠峰上的冰雪开始的。

科考人员安扎帐篷

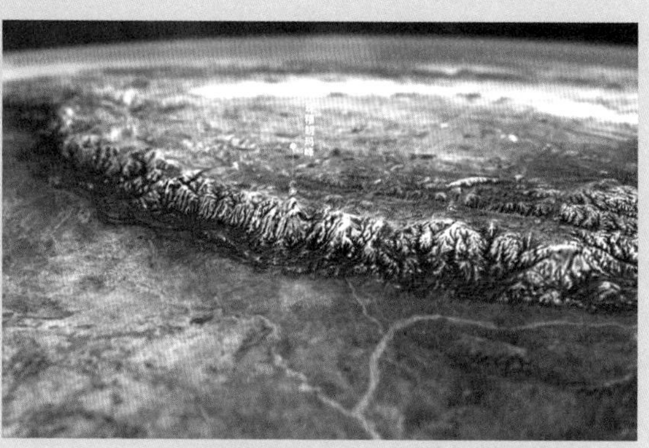
珠穆朗玛峰在青藏高原的位置示意图

科考队员艰难前行

离珠峰越来越近

探寻珠穆朗玛峰 17 年间的变化

珠峰是青藏高原最高的区域，也是全球最高的区域，科学家对珠峰的气候和环境变化一直都非常感兴趣。

康世昌，著名冰川学家，中国科学院西北生态环境资源研究院副院长。从 1997 年开始，他先后 10 次到达珠峰高海拔地区开展科学考察。

2004 年，他首次在珠峰海拔 6000 米以上架设了冰川监测装置。如今已经过去 17 年，珠峰的水环境又发生了哪些变化呢？虽然这一次他并不随队前往，但却是整个珠峰科学研究项目的重要策划者和组织者。

在全球变暖的大环境下，世界最高海拔地区珠峰的气候环境会有哪些变化，这个问题是康世昌和他的团队非常想要探寻的答案。

科考队员带着装备挺进珠峰

郁郁葱葱的南坡风光

各色风光犹如世间极境

珠穆朗玛峰不只有洁白的冰雪，在它的南坡和山脚下的谷地中，绿树成荫，鸟兽穿梭。

珠穆朗玛峰的垂直分布带汇集亚热带、温带和高原荒漠等多种风光于一身，是地球亿万年时间演变出的一处世间极境。

由于珠穆朗玛峰地处亚欧大陆腹地，与我们人类生活的区域并不遥远，可以说，这里发生的气候环境变化会影响到亿万人的生存和发展。

南坡的岩羊

南坡山脚下流水潺潺

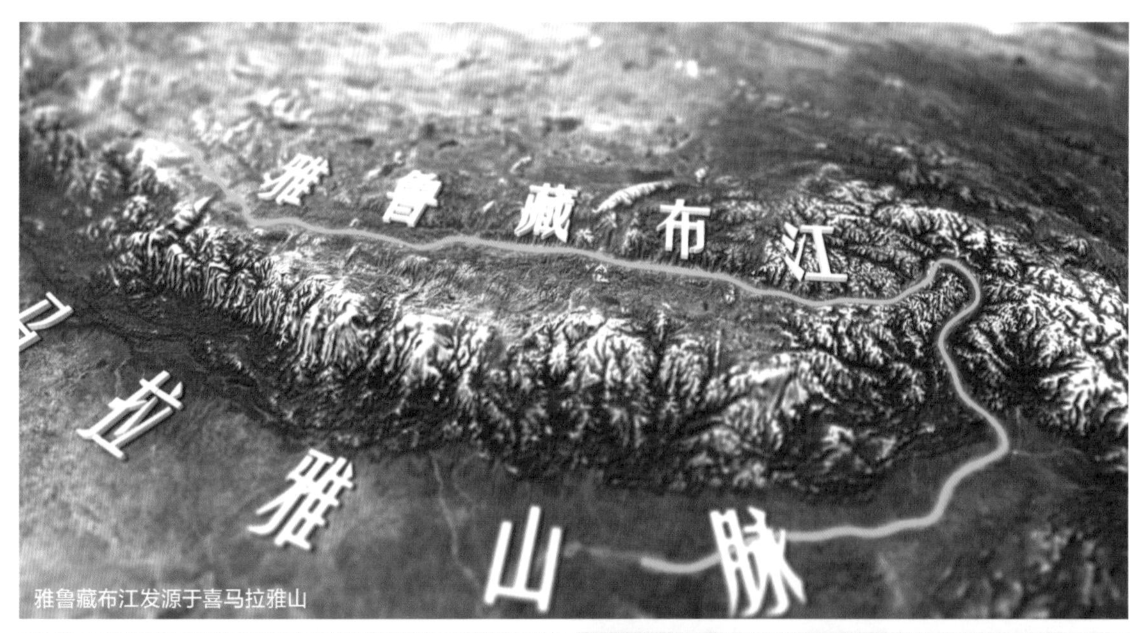

雅鲁藏布江发源于喜马拉雅山

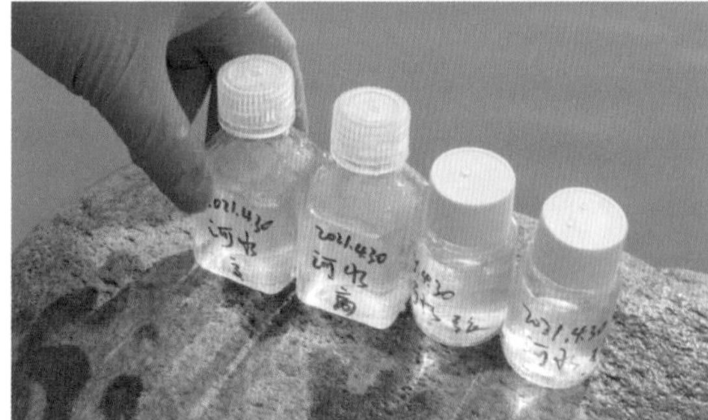

科考人员采集水样

雅鲁藏布江

雅鲁藏布江取水样

科考队员们刚到西藏自治区首府拉萨，海拔不到 3700 米，有些人就出现了轻度的高原反应，比如昏昏欲睡。在平均海拔 4000 米以上的青藏高原，氧气比平原地区减少三分之一，所以缺氧的现象更为严重，科考人员只能避免剧烈运动，等待机体调节，慢慢适应。有时还要克服恐惧心理，关键在于坚持。

从拉萨出发后，科考队一直沿着雅鲁藏布江向西行进。尽管他们的研究目标是珠峰地区的水环境与气候变化，但雅鲁藏布江是西藏地区最大的河流，也是世界上海拔最高的江河之一，号称“天河”。它与喜马拉雅山脉齐头并进、山水相望、相互影响。因此，考察队也需要在这里收集水样和土壤样本，一一记录，并和过去在同一位置收集的样本进行比较，寻找珠峰地区水环境的动态依据。

只是科考队员到达这里的时候，雅鲁藏布江正处于枯水期，雨季还没来，江里的水位很低，因此科考队员需要在丰水季再来采一次水样。一年采上两三次，就对雅鲁藏布江整个西藏段丰水季枯水季水质的变化有了一个基本的了解。

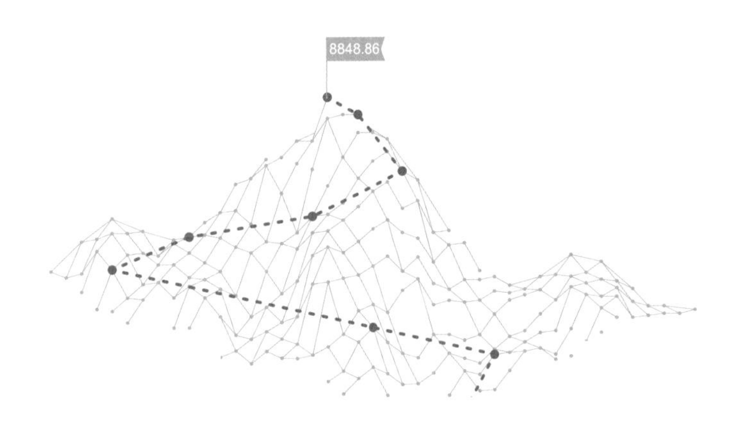

面积最大的冰川——绒布冰川

在珠穆朗玛峰地区，河水大多来自积雪与冰川的融水。随着海拔高度上升，温度越来越低，由印度洋季风带来的降雪不再融化，越积越厚，越压越实，久而久之就变为冰，沿着山谷形成冰川。因此，研究高海拔地区气温与降水的变化，往往都要从冰川中寻找佐证。而高大的珠穆朗玛峰沟壑纵横、冰川密布，仅面积在 10 平方千米以上的大型山岳冰川就有 15 条。

在珠穆朗玛峰北坡离登山大本营不远的地方有一座藏传佛教寺庙——绒布寺。它的规模不算大，名气却不小，因为它是世界上海拔最高的寺庙。“绒布”在藏语中是冰谷源头的意思，寺庙脚下的这条溪流就叫“绒布河”。沿河向上，就会到达著名的绒布冰川。但如今，大大小小的冰川漂砾布满谷口，冰川却不见了踪影，只有绒布河的溪水潺潺而下。

其实，绒布冰川还在，只不过地表可见的部分已经退缩上升到海拔 5600 米以上。绒布冰川是整个珠穆朗玛峰地区面积最大的冰川，面积将近 86 平方千米。它发源自海拔 7000 米以上的北坳冰壁一带，形成东绒布冰川，向下与来自珠穆朗玛峰西侧的西绒布冰川汇合后，沿山谷经中绒布冰川缓慢移动，全长 23 千米左右。

绒布寺

绒布冰川面积将近86平方米

密布的冰川

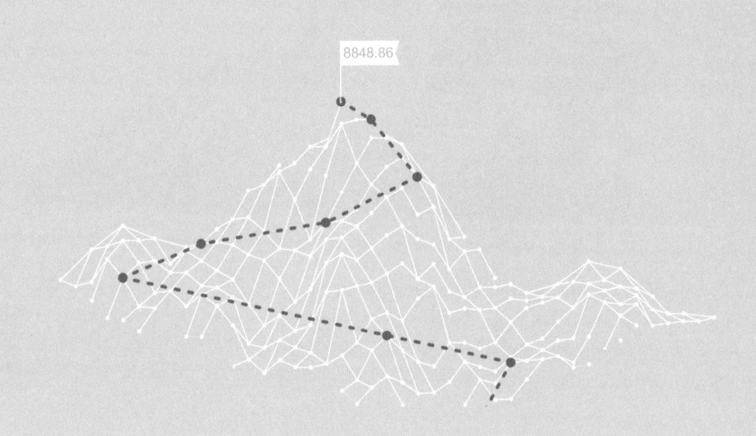

1960 年第一次科考

1960 年中国科学家第一次对珠穆朗玛峰进行综合性科考。这次考察的内容包括冰川、地质、气候等学科，对绒布冰川的研究尤其受到重视。这也是中国登山队第一次攀登珠穆朗玛峰，他们正是沿着绒布冰川不断向上，最终开辟出一条北坡冲顶路线。

冰塔林

1960 年登山科考队员资料图——中国登山队第一次攀登珠穆朗玛峰

明显能看到冰川在融化

绒布冰川的消退

时隔 61 年后，陈鹏飞和年轻的科考队员们走上了与前辈一样的道路。进驻珠穆朗玛峰大本营营地后，科考队的青年男女们支起了一顶顶小型帐篷，他们经过短暂的休整，就开始了各种监测和数据采集的准备工作。他们的目标正是最能代表珠穆朗玛峰冰川演变的绒布冰川。

严格来说，冰川分成四部分，分别是干雪带、湿雪带、深芯带和附加冰带，冰川的组成表面基本上是冰或雪，但是现在已经看不到冰和雪了，所以它实际上是冰川后退的现象。

现在，科考队员看到更多的是冰碛。冰碛是冰川裹挟的砾石、泥土等堆积物，它会随着冰川的流动和消融向下游堆积。虽然看上去其貌不扬，但却是考察冰川消融速度的重要地质依据。

科考队员操控着一架特制的无人机，可以在设定好的高度上连续拍摄图片和视频，再结合卫星定位，将影像拼接起来呈现出绒布冰川的完整形

态。这是气候学家和珠穆朗玛峰生态研究者们迫切需要的研究数据，用以监测绒布冰川的消退状况。

科考队员要连续几年观测，通过数据对比，大概就知道冰碛底下的埋藏冰消融了以后对下游贡献了多少冰川融水。

据冰川学家监测，自 20 世纪 70 年代以来，仅在珠穆朗玛峰北坡，冰川面积就减少了大约 30%。这是 1975 年春天，中央新闻纪录电影制片厂的摄影师拍摄的绒布冰川画面，这些画面如琼楼玉宇，美轮美奂，登山队员们犹如在仙境中漫步。

但从中不难发现，当年冰塔林所在的区域不仅海拔更低，看上去也威武雄壮得多，最高的冰柱接近 60 米，人在其中，形如缩微。50 年后的这次科考，同样的季节，科考队员再次来到这里时，绒布冰川的冰舌部分已经被一片乱石取代，冰塔林早已怯生生退缩到海拔 5600 米之上了。

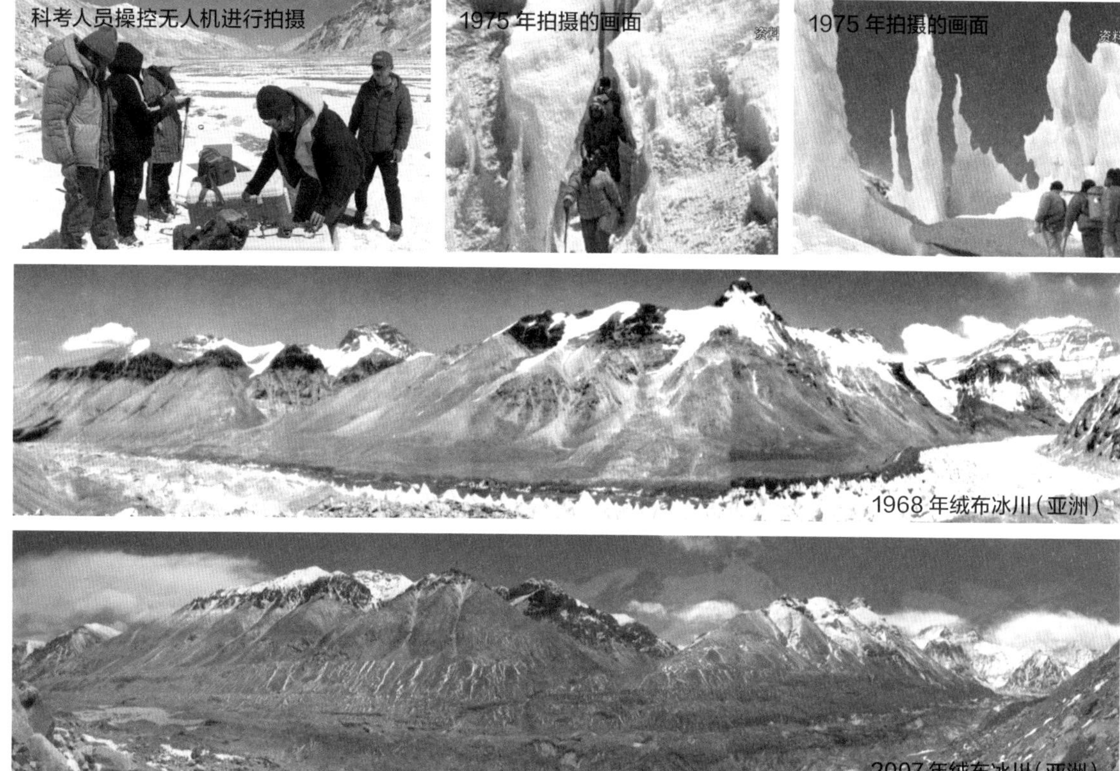

科考人员操控无人机进行拍摄

1975 年拍摄的画面

1975 年拍摄的画面

1968 年绒布冰川（亚洲）

2007 年绒布冰川（亚洲）

珠穆朗玛峰气温监测

珠穆朗玛峰地区冰川大规模融化的现象很早就引起了中国科学家的关注，中国科学院专门设立了珠穆朗玛峰大气与环境综合观测研究站，随时监测珠穆朗玛峰地区的气候变化。

珠穆朗玛峰研究站担任观测主管的日常工作，管理维护位于海拔 4300 ～ 6500 米的 6 个观测站点，定期下载数据，及时对珠穆朗玛峰地区气候和环境变化进行统计对比。

研究站里有涡洞观测系统，这个系统主要观测的内容有风、温、湿、压的数据，包括三维风速、土壤温度，以及降水量、太阳辐射、水汽中的二氧化碳、甲烷含量等，通过长期的数据积累，来分析该地区气象因素的变化。

正常情况下，在冰川所在区域，积雪与融雪的速度基本相同，这种动态平衡，会让冰川也相对稳定。一旦这种平衡被打破，冰

美如画的珠峰景色

4700 米观测点

5200 米观测点

川的面积就会发生变化。

通过监测发现，8 年里，珠穆朗玛峰北坡地区的年平均气温就升高了 0.3℃，这使得冰川融化速度加快，但为冰川补充水量的降雪却基本没有变化。

更令人吃惊的是，虽然全球气候都在变暖，但珠穆朗玛峰地区的升温速度却是全球同时期的 2 倍。因此，珠穆朗玛峰冰川大规模萎缩消退的命运在所难免。

监控相机准备实时拍摄

首次尝试实时监测冰川

这次对绒布冰川的考察，科考队除了用无人机监测冰川的消融速度外，还架设了几台监控照相机，这是珠穆朗玛峰科考活动中首次尝试获取冰川变化的实时数据。

这个相机将在这里连续拍摄几个月，把整个消融期的状况都拍摄进去，每小时一张。

科考队员将照相机对准绒布冰川消融区的几个冰湖。随着天气转暖，照相机不仅能记录下冰湖面积的扩大程度和水位的上涨速度，也能监控并预测因冰川融水引发的自然灾害，同时还能记录一些雨、雪等气象数据。

监控相机拍摄到的画面

珠峰保护区内最大的内陆湖泊佩枯错

冰湖溃堤，危害极大

绒布冰川在珠穆朗玛峰大本营附近融化成一条溪流后，向下游流出几十千米，就是珠穆朗玛峰脚下依靠冰川融水浇灌的农牧地区。一旦冰湖内的水位上涨过高过快，就可能威胁下游村民的人身与财产安全。

冰湖的面积如果增大到一定程度就可能会溃决，冰湖一旦溃决就会造成冰川洪水，学术上叫作冰湖溃决洪水。冰湖溃决洪水暴发势必会给河流的下游带来巨大的经济损失。

在人们印象中，高寒少雨的青藏高原并不适合农耕，只适合在草场上放牧。但实际上，喜马拉雅山脉北麓，中东部地区有不少种植青稞和豆类的农业区。每年春季，农田里一片繁忙，甚至桀骜不驯的牦牛都被驯化成可以犁地的耕牛了。

水是生命之源，但气候变暖、冰川消融不仅仅会对青藏高原的人们产生影响，更要紧的是，它会造成整个地球的生态环境、地貌和海洋的变化，对全人类的生存状态都会有深刻而长远的影响。尤其在喜马拉雅山脉这个地球之巅上，它的一缕微风都可能引起全球的震颤，这才是科学家们对它如此关注的根本原因。

冰湖

河流下游的牦牛

河流下游的羊群

在河流下游劳作的村民

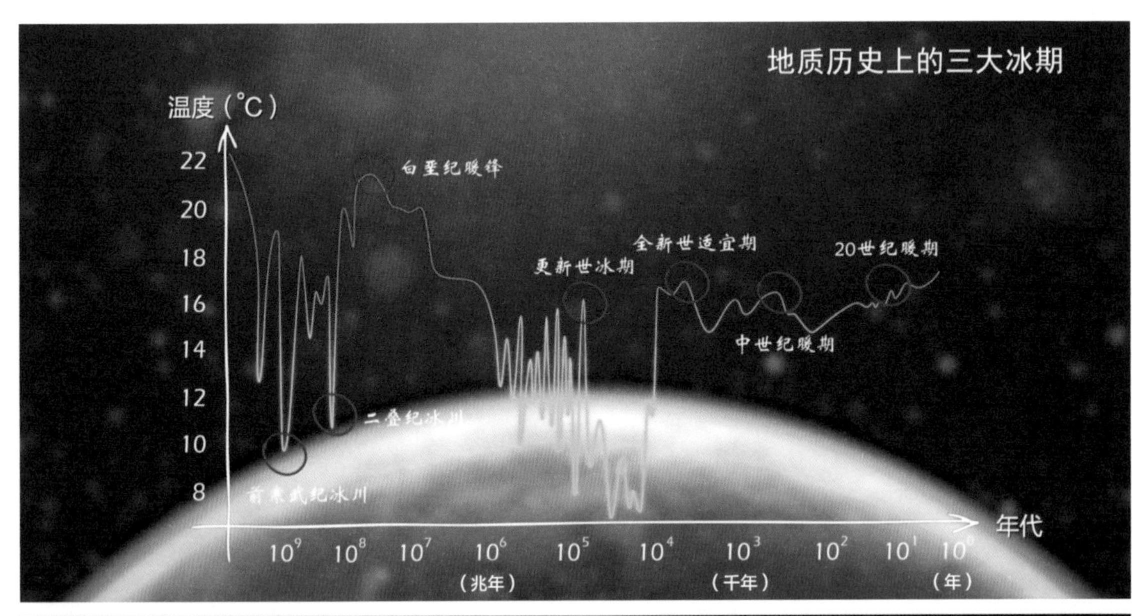

地球上的气候并非一成不变

多次极端的冷暖交替

科学界普遍认为，从地球南北两极到珠穆朗玛峰所在的第三极，全球大范围的冰川消融源于正在发生的地球变暖现象。

事实上，在地球 40 多亿年的生命历程中，曾经发生过多次极端的冷暖交替，也就是所谓的冰川期和间冰期。在此期间，地球表面的最高温差能够达到近百摄氏度，每次“雪球”和“水球”之间的转换过程都会持续几亿年，而比“雪球事件”小一些的温度变化就更加常见了。

因此，当地球气温持续升高，一些沿海城市和海岛地区都有可能被海水彻底淹没。

尽管听起来有些像科幻故事，但对古生物的研究证明，发生在 4 亿 4 千万年前奥陶纪的第一次生物大灭绝就是由于全球变冷造成的，最终导致地球上 85% 的生物灭绝。相反，在冰期消退后的地球变暖过程中，有些生活在寒冷环境下的动植物同样也会遭遇灭顶之灾。像大名鼎鼎的猛犸象，就是在 2 万年前随着变暖的地球不断向高纬度的北极地区迁徙。它们在不断缩小的栖息地抗争了 1 万 6 千多年后，还是难以摆脱灭绝的命运。

地球冷暖交替，很多生物灭绝

谁在操控地球的温度

谁是操控地球在冷热之间变来变去的“上帝之手”呢？基于目前的研究，最重要的两个因素就是阳光和大气层。

万物生长靠太阳，但如果没有大气层对阳光的衰减作用，地球早就被烤化了。与此同时，大气层中的二氧化碳等物质又吸收了地球散发的热量，使地球不至于失温，从而保持地球温度的基本平衡，也就是温室效应。

一旦这种平衡被打破，要么地球吸收的阳光大幅减少，要么二氧化碳增加影响散热，地球就会变冷或者变热。而当下，地球恰恰走在逐渐变暖的道路上，即便高高在上、冰天雪地的珠穆朗玛峰也难以幸免，这正是科考队要究其原因的所在。

模拟没有大气层，地球被太阳炙烤的场景

大气层中的二氧化碳吸收了地球散发的热量

地球在变暖，这些冰川还能维持多久

向冰川源头前进

在完成大本营附近的基础信息采集工作之后，科考队员们开始向更高海拔的绒布冰川源头进发。

科考队中大部分人是第一次来珠穆朗玛峰，几乎没有登山经验。而绒布冰川总长 23 千米左右，虽然有牦牛队帮助驮运行李和仪器设备，队员们仍然要沿着这条冰川走上两天，没有全程供氧，他们每走几步都要停下来大口吸气，缓解疲劳，还要随时注意脚下可能隐藏着的几十米深的冰裂缝。令他们感到自豪的是，每攀

爬一米，都在刷新他们自己的登峰纪录。

要到达绒布冰川的冰塔林区域，必须攀登到海拔 5900 米以上，中间还要翻越一座 6000 多米高的山梁。不过，只要坚持到达，那就是另一番晶莹剔透的世界。一幅幅令人啧啧称奇，甚至有些魔幻的冰的画面，在科考队员们看来，却蕴藏着丰富的生态信息。

科考队向绒布冰川源头前进

冰塔林

海拔 6000 米之上的生命

高处的野生生命

科考队的攀登目标在海拔 6000 米之上的珠穆朗玛峰，在那里可以收集到更直接的气候变迁数据。有意思的是，在这被视为生命禁区的地带，生命不但没有绝迹，反而活力四射。

其实，从海拔 5200 多米的大本营开始，黄嘴山鸦、高原雪雉等飞禽就一路伴随着科考队。高原雪雉毛色雪亮、矫捷健硕，最容易受到宠爱。黄嘴山鸦和喜马拉雅雪鸽甚至会飞到空气稀薄的 6500 米高度，使这个有“魔鬼营地”之称的登山驻地显得生气勃勃。

相比这些朝三暮四的飞鸟，在海拔 6000 米左右的冰碛碎石中，还时常可以看到一种不起眼的小生物，它就是喜马拉雅跳蛛。有人曾经怀疑它们是被大风吹到如此高寒的山上的，但实际上它们就是这里的常住居民。它们以更小的昆虫和动植物碎屑为食，是目前所知栖息在地球海拔最高处的动物之一。

虽然气候变暖贻害无穷，但随着气温升高，是否也扩大了这些高原生物的活动范围呢？大千世界变幻无穷，值得人类探讨的科学领域无边无际。

珠穆朗玛峰科考队最后一个营地就安扎在喜马拉雅跳蛛的家园。这里海拔 6350 米，高原反应让队员头痛恶心、食欲全无。但即使这样，队员们也要努力吞咽简单的方便食品，以获得维持生命的基本能量。

高原雪雉

喜马拉雅跳蛛

黄嘴山鸦

海拔 6350 米的营地

第四纪冰川期

众所周知，青藏高原是在地壳运动过程中由印度板块和欧亚板块碰撞后逐渐隆起形成的。

珠穆朗玛峰所在的喜马拉雅山脉就处在这迎头相撞的边缘上，全长 2450 千米。虽然喜马拉雅是世界上最年轻、最雄伟的山脉，但是如果从两大地球板块开始相撞算起，它的年龄至今已超过 5000 万年。

而在这 5000 万年里，地球温度起起伏伏，冷暖交替反复多次。在距今 250 万年前后，一个新的大冰河时期开始了，这就是第四纪冰川期。

珠穆朗玛峰绒布冰川和青藏高原上的其他冰川一样，都发育在第四纪冰川期。虽然此后绒布冰川随着温度变化有扩张有消退，但如此漫长的时间，在平均厚度 120 米、最厚处达到 300 米的古老冰层之下，必然保留着相当丰富的气候变化信息。

科考队员对冰川有两个方面的研究：第一是定期对冰川监测，看冰川到底变化了多少；第二是在珠穆朗玛峰钻取冰芯，因为冰芯是气候环境变化的天然“档案馆”。透过分析冰芯的物理和化学参数，就能对珠穆朗玛峰地区的气候和环境变化有一个基本的了解。

早在 2013 年，科考队就在绒布冰川海拔 6500 米处，钻取出了上百米长的冰芯，这些冰芯让科学家们复原出了过去 2000 年里珠穆朗玛峰地区的气候场景。

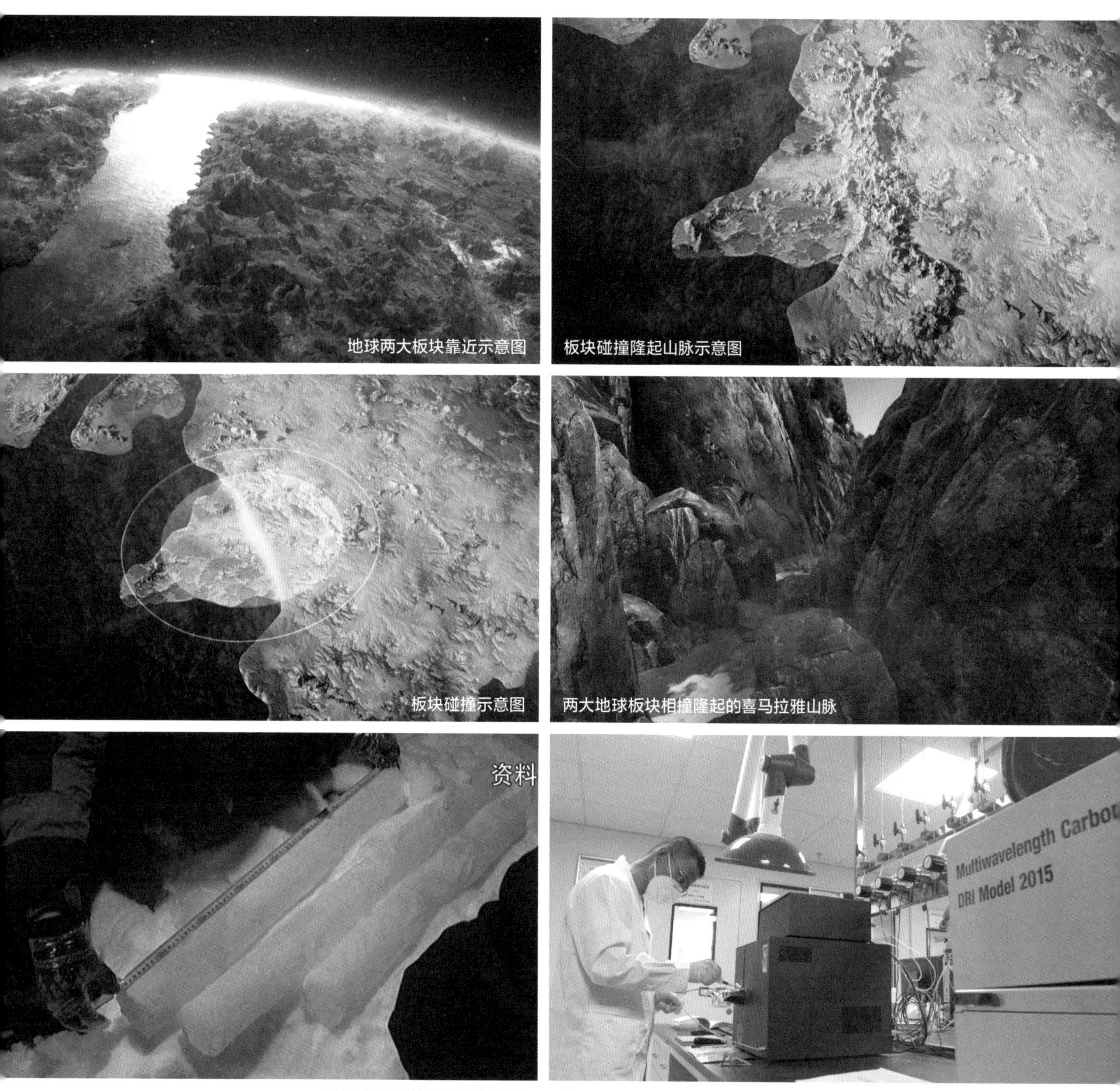

地球两大板块靠近示意图

板块碰撞隆起山脉示意图

板块碰撞示意图

两大地球板块相撞隆起的喜马拉雅山脉

科考队员钻取的冰芯资料图

科考队员回到实验室研究冰芯

远处的珠峰清晰可见

忙碌的科考工作

受全球气候变暖影响，珠穆朗玛峰的冰川面积在急速退缩。

其实，在2013年的科考中发现，珠穆朗玛峰地区东绒布冰川与20世纪90年代相比，冰塔林的下限上移，冰川边缘一些高大的冰塔林已经消融崩溃；在海拔6300米以上，增加了一些新的冰裂隙，而且冰裂隙的宽度也在扩大。这些都是冰川强烈消融的表现，表明气候变化对珠穆朗玛峰地区的影响很明显。

这一次，熬过了海拔6350米营地极度缺氧的一晚，第二天

上午，年轻的科考队员们强忍着高原反应忙碌起来。雪过天晴，他们希望在这难得的风和日丽中尽快完成样本和数据的采集工作。

有的科考人员在进行空气采集。通过采样分析，将会得知人类活动对珠穆朗玛峰地区的大气污染产生怎样的影响。

有的科考人员在对冰川进行 3D 扫描，3D 扫描记录下的信息比航拍摄影像素更高、信息量更大，通过专业软件处理，可以发现冰川更细微的变化。

架设三维激光拍摄的机器

三维激光拍摄出来的照片

三维激光拍摄出来的照片

三维激光拍摄出来的照片

东绒布冰川途中风景

科考队员向东绒布冰川前进

冰川积雪层提取雪样

部分科考人员还要继续前进，他们艰难地翻越冰塔林，要前往海拔 6500 米高处的东绒布冰川垭口，采集积雪层样品。

17 年前，科考人员曾经在这里架设过用于观测冰川变化的标志杆，如今它们早已不见踪影。根据推测，那些标志杆应该是被融化的冰雪裹挟着冲走了。由此可见，对珠穆朗玛峰气候变暖的观察研究越来越变得紧迫而重要。否则，如果有一天这些美丽的冰川彻底消失，我们会变得束手无策。

科考队员们相信，通过这一系列观测与研究，人类不仅会了解珠穆朗玛峰的身高与成长过程，也会知道珠穆朗玛峰的水脉变迁与气候演变规律，这是一项具有标志性的工作。

珠穆朗玛峰并不是孤零零独立存在的，它不仅是喜马拉雅山脉的最高峰，也与青藏高原乃至更大范围的地理环境息息相关、冷暖相知，尤其是飞来荡去的云卷云舒、地表地下的水网纵横。如果要全面解析大气环流与地质环境对珠穆朗玛峰地区的影响，就必须把眼界放宽，把科学研究的足迹走得更远，至少要把珠穆朗玛峰放到整个青藏高原的范围内去考察对比。

喜马拉雅山和整个青藏高原是亚洲十大河流的发源地，尤其是印度河、恒河等区域的冰川补给的水量是非常大的，如果未来水资源逐渐减少，就会给下游的社会经济用水带来威胁。

晚霞映衬下的珠峰美景

亚洲水塔在枯竭

冰川是固体淡水的宝库，世界上将近 75% 的淡水资源都是以冰川形式存在的。除了南北两极的冰川外，作为世界第三极的青藏高原也是冰川资源最丰富的地区之一，但它同样正面临气候变暖的威胁，冰川面积正以每年 140 多平方千米的速度迅速缩减。

作为中国乃至亚洲的天然水塔，如果它的水源补给作用受到影响，那些发源于此的大江大河又将怎样呢？其中就包括与珠穆朗玛峰近在咫尺的雅鲁藏布江。

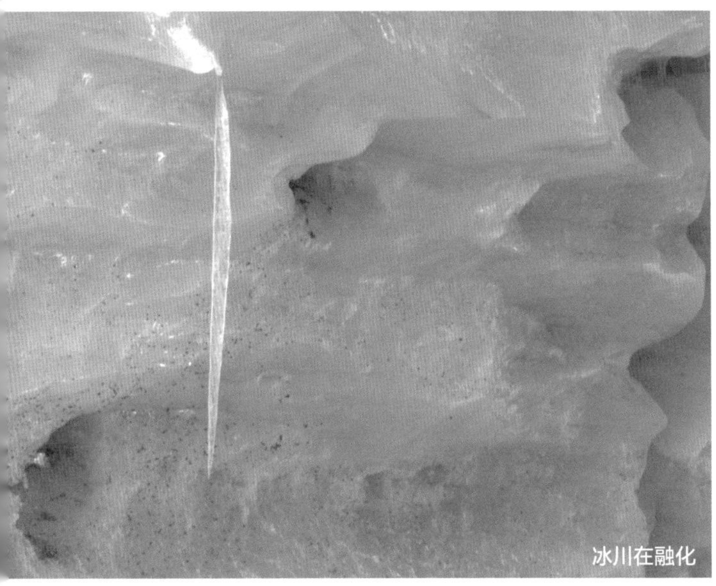

冰川在融化

冰川融化速度在加快

珠穆朗玛峰在融化

寻找雪豹的身影

这一天，科考队员来到珠穆朗玛峰登山大本营。附近的山坡上有他们架设的 7 台红外线相机，今天来收取数据，看看是否拍到什么动物的身影。

由于最近两年有村民反映在珠穆朗玛峰一带看到过雪豹，为此，科考人员抱着碰碰运气的心理，专门把一台监控相机对准珠穆朗玛峰，希望拍摄到以珠穆朗玛为背景的雪豹影像。

遗憾的是，今天收取的数据中，只有岩羊、高原兔和藏雪鸡，并没有找到雪豹的身影。

在距离大本营不足 1 千米的地方拍到雪豹，有这个可能性吗？

在局部环境中，气候变暖会让食物链增加，雪豹种群就有可能扩大，但雪豹生活在雪线附近，气候变暖又会让雪线上升，长此以往，会导致雪豹的栖息地越来越小，出现食物危机。

全球气候变化，珠穆朗玛峰在融化，这对雪豹来说是福还是祸？

2021 年 5 月 1 日，在完成第一阶段考察任务后，科考队从珠穆朗玛

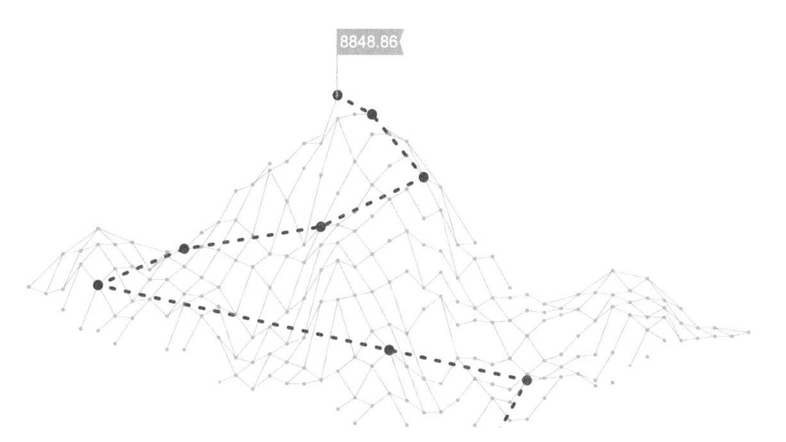

峰大本营一路风尘，赶往 800 多千米外的雅鲁藏布江河源区，两位科学家正在那里考察气候变暖对河流水文的影响。

刘少创，探寻江河源头的著名遥感专家，相比在办公室研究卫星地图，他更愿意跋山涉水到野外现场一探究竟。迄今为止，他已经完成了对全球 20 多条大河的实地探源与测长工作。其中 2008 年，他作为首席专家带领科考队前往踏勘黄河、长江和澜沧江的发源地，对三江源头的定义提出了新观点。那一次，地质专家刘天绩就和刘少创齐心协力、并肩奋战。

今天，两位科考队员又在雅鲁藏布江河源重新聚首。13 年一晃而过，青藏高原又有哪些变化呢？

科考人员架设监控器

架设好的监控器

监控器拍摄到的岩羊

雅鲁藏布江

雅鲁藏布江流域图

雅鲁藏布江从喜马拉雅山脉西端的冰川地带发源后，从西向东横贯喜马拉雅山脉北麓，直到喜马拉雅山脉东端才转向南流。

尽管从地图上看，发源于珠穆朗玛峰的绒布河与雅鲁藏布江由于一条分水岭的存在而失之交臂，但一座海拔最高的山脉，一条海拔最高的大河，如此触手可及、息息相关，科学界必然就把二者纳入同一个研究范围。

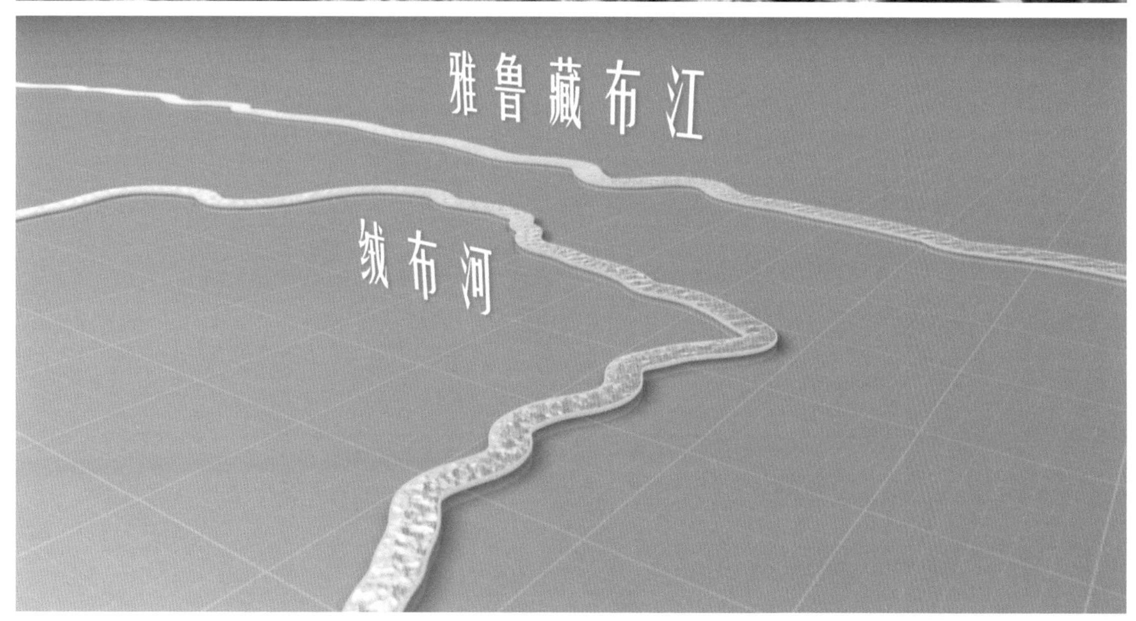

寻找雅江源头

科考人员徒步了 10 千米，目的是去寻找一处名为昂色的冰川。走进山谷不久，海拔就升到了 5000 米，积雪覆盖在冰川砾石堆上，白茫茫的一片令人难辨深浅，稍不小心就会陷入石缝，伤筋动骨。

昂色冰川远不如珠穆朗玛峰绒布冰川那样令人惊艳，在网络上几乎查不到它的名字，但遥感专家刘少创已经是第三次来到此地了。他多次前

来的目的就是要求证一个问题——干冷季节里的昂色冰川是否还是雅鲁藏布江距离入海口最远的源头。

在寻找大河源头中，有一个原则就是“河源唯远、流量不断”。依据这个原则，刘少创在 2008 年利用卫星遥感技术，通过测量源流的长度，认为它是雅鲁藏布江的地理学上的源头。而且，他也通过实地考察验证了昂色冰川一年四季都有水。

寻找昂色冰川的途中

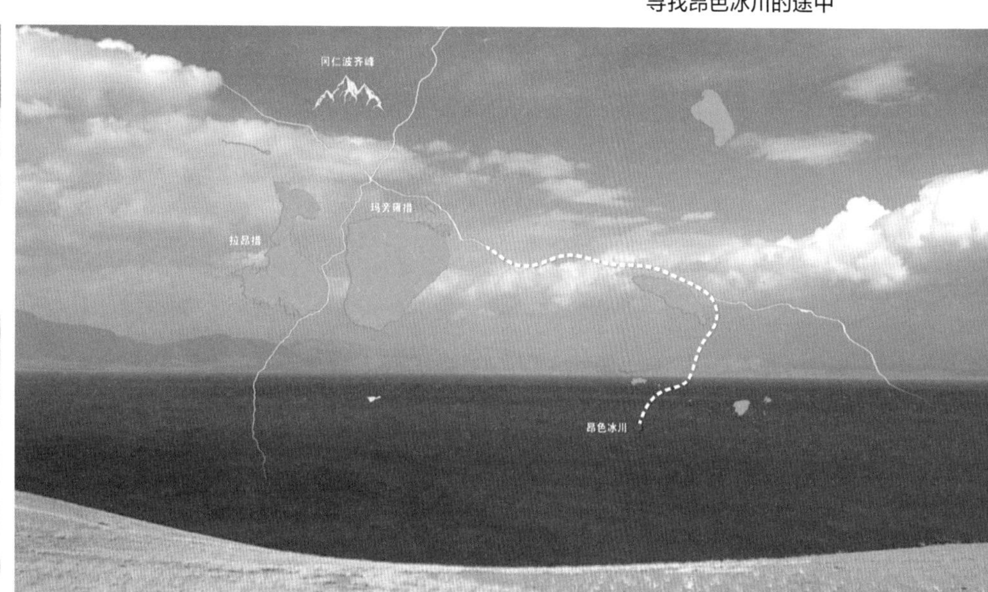

冰碛湖在扩大

其实，无论雅鲁藏布江源头来自哪条冰川，冰川都是一个变量。随着气候变暖，冰川融化，河流源头的坐标原点也会随之发生变化。

随着冰川的后退，雅鲁藏布江源头从原来的下游也在逐渐地往上游迁移。冰川如果不停地后退，就会慢慢消失，这对下游的生态、河流将会产生灾难性的后果。

因此，专家们要从雅鲁藏布江源头位置的变化，寻找气候对冰川影响的证据。经过 3 个小时的跌跌撞撞，科考人员终于到达昂色冰川下面的一座冰碛湖。冰碛湖就是冰川融化后汇集成的冰湖。

2008 年，这座冰碛湖经有一定的规模了，随着时间的推移，到了 2021 年，从卫星影像上看，这个湖的面积在不断扩大。湖面扩大，足以证实气候变暖使冰川的融化速度正在加快。

两湖之变

从昂色冰川向北行走，专家们又来到大名鼎鼎的冈仁波齐脚下。

这里有玛旁雍错和拉昂错两大湖泊。玛旁雍错是中国蓄水量第二大的淡水湖，被当地百姓视为圣湖。

拉昂错却是一座咸水湖，因其怪异多变，又被称为“鬼湖”。

历史上有很多的探险家和地理学家对玛旁雍错和拉昂错交汇的地区进行了考察，留下了很多非常珍贵的记载。

曾经来此探险的人中，名气最大的莫过于瑞典人斯文 · 赫定。他在《亚洲腹地旅行记》中提到 1907 年那次历险：“湖面风浪骤起，牛皮小船像核桃壳一样被颠上抛下……”斯文·赫定冒险泛舟就是要测量玛旁雍错的水深，同时他也详尽考察了贯通两湖之间的河道。

在斯文 · 赫定的记载里我们可以得知，这条河的水量很大，但是随着气候的变化，水蒸发了许多，补给湖的水量就下降了，这就意味着没有足够的水流入拉昂错湖，这就是气候变化引起了重要地理特征的变迁。

原来100多年前，喜马拉雅山脉西段就出现过气候干热的现象。玛旁雍错周边不远的区域就是印度河、恒河和雅鲁藏布江三条亚洲大河的诞生地，它们由此一路成长、奔腾而去，成为沿途十多亿人口的生命之水。

斯文·赫定考察

斯文·赫定的《亚洲腹地旅行记》

斯文·赫定在玛旁雍错和拉昂错考察

斯文·赫定泛舟测量玛旁雍错水深

雅江中游地区冰川融水

雅鲁藏布江上游地区海拔地势高，气候干冷，植被以高山草场为主，只适合放牧。但到了雅鲁藏布江中游地段，海拔明显下降，支流众多，水量庞大，阡陌纵横，人口稠密，是西藏最富裕的地区。由于以珠穆朗玛峰为首的喜马拉雅山挡住了来自印度洋的暖湿气流，使西藏南部的水系资源主要还是来自冰川融水。

冰川相当于一个具有调节作用的供给水库，如果这一年比较干旱，山里的降水比较少，冰川的消融量就大。增大的消融量刚好补齐降水

珠峰脚下的牦牛

的减少；如果降水量增大的话，冰川的消融速度就会减弱，所以冰川有调丰补枯这个功能。

如果有充分的降雪积压成冰，就能弥补冰川消融的损失，加与减，形成平衡，是不是就不用担心西藏的河水会走向干枯了呢？但问题是，印度洋暖湿气流艰难地爬升到海拔 5000 米以上的世界屋脊，究竟还能给日渐消瘦的冰川带来多少瑞雪纷飞呢？对于这个问题，科考专家极为关注。

这些冰川会消失吗？

采样的工作人员

雪坑采样

这一天，坚持采样工作的冰川科考队员前往距离营地3千米以外的东绒布冰川垭口。他们身处在一片巨大的冰盖上，稍有不慎就可能被冰雪反射的强光灼伤。

由于高山极度缺氧，大家只能轮换挖雪，甚至每说一句话都要耗费大量的力气。

东绒布冰川海拔6500米，因为冰川垭口没有过多的冰川消融，可以保存更多的信息，所以只要是冰川的一些常规科考基本上都是在垭口进行。

科考队员在这里提取的并不是冰芯，而是最近几年积雪层的雪样。

采集雪坑样品类似考古探坑，考古探坑中可以看出不同年代的文化层，科考人员根据雪坑中积雪的物理特征与融化程度，能辨别出不同时间降雪的雪层。

科考人员在雪坑中会分层取样，采完雪样，回到实验室用氢氧同位素离子的指标就可以区分积累这一米的雪到底是多少个季节完成的。

通过这样的研究，就可以掌握珠穆朗玛峰每年降水量与积雪量的变化，进而判定这些积雪能否经过长时间的叠压与沉积，变雪为冰，最终转化为稳定的冰层，使绒布冰川的增长与消融达到平衡。如果冰川的增长速度赶不上消融速度，冰川面积就会逐步萎缩，直至消失。

从冰川的面积来看，可以判断珠穆朗玛峰地区的气温确实一直在升高。气候变暖的原因到底有哪些？研究人员在寻找自然规律之外，也在思考人类活动对气候变化的影响，进而更加全面地探究冰川加速退缩的原因。

所以，雪样带回到实验室后，会分析一下雪样中重金属、黑炭粒子、有机碳等这些人类排放的污染物的指标。

无论如何，珠穆朗玛峰的降雪不足以弥补绒布冰川的萎缩已经是既成事实，整个喜马拉雅山区应该也是大同小异。于是有人大胆地假设，如果能把喜马拉雅山脉切开几个口子，把印度洋季风引进来，或许就可以摆脱对冰川的依赖，给青藏高原染上一抹绿色。当然，这也仅仅是人们的一种设想。

正在采集雪样

峡谷植被茂盛

断裂峡谷输送暖湿气流

喜马拉雅山脉并非是一座天衣无缝的铜墙铁壁，从西向东，仍然存在一些由于板块运动形成的断裂峡谷，它们让印度洋吹来的暖湿气流渗透、输送进来，悄然营造出一片片郁郁葱葱、鸟鸣猿啼的植被区，其中就包括珠穆朗玛峰脚下的国家级自然保护区。

珠穆朗玛峰保护区面积3万多平方千米，垂直落差6000多米，是一处生态景观极为丰富的垂直自然带。

因为这些类似沟的断裂峡谷的存在，印度洋季风带来的暖湿气流嵌入沟里，使得这一带发育了垂直自然植被带。

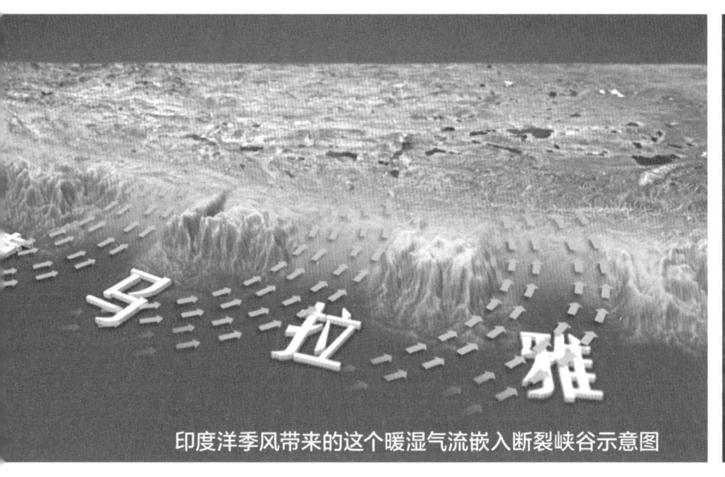

印度洋季风带来的这个暖湿气流嵌入断裂峡谷示意图

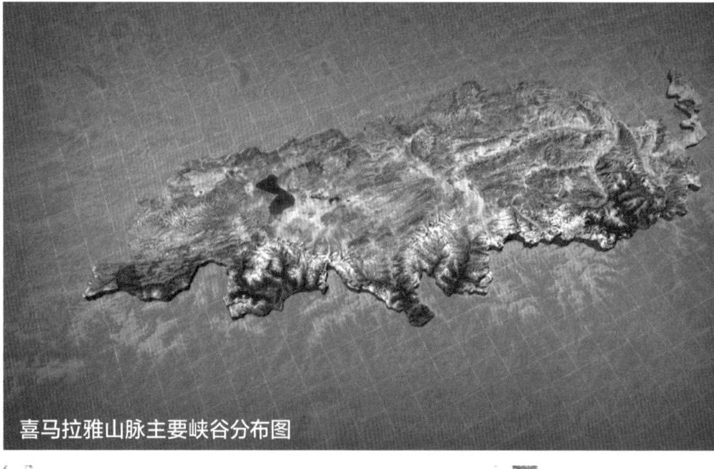
喜马拉雅山脉主要峡谷分布图

垂直自然植被带

珠穆朗玛峰保护区的植被

珠穆朗玛峰自然保护区的野生动物

在珠穆朗玛峰以西直线距离不足 100 千米处，有一座边陲小镇樟木镇。它的两侧是垂直落差 4000 多米的高山，而镇中心坐落在樟木沟底部，温暖湿润，属于亚热带气候。

临近黄昏，在小镇里经常可以看到国家一级保护动物长尾叶猴和喜马拉雅猕猴相互徘徊、对峙，这里是它们共同的栖息地，为了占领领地，它们难免会出现争抢的场面。

距离珠穆朗玛峰更近的定日县绒辖乡，在海拔不到 3000 米的绒辖沟内，也是一派温带、亚热带景色。每年 5 月，是棕尾虹雉的繁殖季节，它们不停地进食，为繁殖后代储存能量。

相比之下，雄性棕尾虹雉比雌性更爱打扮，一身羽毛闪烁着金属般的光泽，头顶上是一簇蓝绿色的羽冠。中国现有棕尾虹雉的数量已经很少了，据估算，只有不到 1000 只。

长尾猕猴

如果有幸，还能在珠穆朗玛峰自然保护区遇到喜马拉雅塔尔羊，它比棕尾虹雉还稀少，在中国境内只有 500 只左右。

长尾叶猴

西藏聂拉木县樟木镇

猕猴

喜马拉雅塔尔羊

雪豹再次出现

雪豹出现

除了塔尔羊，珠穆朗玛峰上还有另外一种羊，叫作喜马拉雅岩羊。喜马拉雅岩羊对高海拔的适应性最强，动物学家们曾经在珠穆朗玛峰登山大本营附近海拔 5300 米左右的地方监测到它们的身影。这里已经是高山草甸向高寒荒漠的过渡地带。一般来说，有岩羊就会吸引来雪豹，雪豹最喜欢捕食的就是岩羊。

2021 年 5 月 8 日，科考人员像往常一样来提取珠穆朗玛峰大本营附近的视频监控数据。这项工作日复一日，大部分时候可能一无所获，更别说他们一直想追踪的雪豹身影了。尽管附近常有岩羊出现，但雪豹敏感多疑，对人类尤其警惕。幸运的是，科考人员收集到第四台相机的影像时，奇迹出现了，他们从影像里看到了朝思暮想的雪豹。

时间显示是 2020 年 7 月 30 日，两只热恋中的成年雪豹意外闯入了红外线监控镜头。此后，它们频繁出没在登山营地附近。最有意思的是 2021 年 2 月 6 日拍摄到的影像中，一只成年雪豹，带着 3 只健康活泼的小雪豹，出现在画面中。3 只小雪豹好奇心非常强，每次走到红外线相机前都要舔舐玩弄一番。这些监控画面表明雪豹一家就定居在离登山大本营不远的地方。

科考人员很是兴奋，他们希望这个雪豹家庭可以在珠穆朗玛峰地区健康快乐地生活。

其实，不仅是对雪豹家庭有这样的期许，科考人员希望珠穆朗玛峰上所有的动物都能健康地繁衍。正因如此，珠穆朗玛峰保护区的工作人员一直坚持对辖区内动物活动的监测，上至猛兽下到昆虫。在我们这座生物星球上，动物和植物一直都冲在“适者生存”的最前端。无论气候变热还是变冷，都会第一时间反映在动物身上。所以，对它们的检测，也格外有意义。

工作人员安装检测设备

在视频中兴奋地发现雪豹

红外相机画面

又见雪豹

在科考队伍中，有一个名叫钟华的北京林业大学的硕士研究生，从珠穆朗玛峰回来后他投入紧张的学习中。但珠穆朗玛峰上的小雪豹却一直留在他心里，他还时时惦记着那几只雪豹。

有一天他浏览手机时，突然看到一条关于珠穆朗玛峰脚下偶遇四只雪豹的视频。四只？这会不会是他们红外线相机拍摄到的雪豹一家呢？

钟华立马来到工作室，和相关研究人员一遍遍反复比对雪豹身上的花纹，要知道，雪豹的花纹和人类的指纹一样，一生不变，而且具有唯一性。

他们比对后，最终的结果是如此令人欣喜，真的就是他们之前拍摄到的雪豹一家。这段视频和他们之前拍到的雪豹时间虽然相隔不到一个月，但是小雪豹明显长大了。

拍摄于 2021 年 5 月 1 日的红外相机画面

小雪豹长大了

易贡生产世界上海拔最高的云雾茶

中国海拔最高的茶场——易贡茶场

在喜马拉雅山脉东段海拔 3000 米以下的狭长地带，一条名为易贡藏布河谷的深处，居然隐匿着中国海拔最高的 5000 亩种茶基地——易贡茶场。

由于特殊的小气候，这里出产的砖茶远近闻名，号称“易贡金砖”。茶场周边碧波浩渺、云蒸霞蔚，只有兀立在河道中的巨石和枯木似乎在警示着什么。

2000 年 4 月那个恐怖的傍晚，茶场对面一座海拔 5500 多米的雪峰在 10 分钟内天崩地裂，瞬间垮塌，形成的堆积体远远超过迄今所有的人类单体建筑，如同一个倒下的巨人一般将易贡湖口彻底阻断。

两个月后，被堵住的湖水累计达到 200 个杭州西湖的水量。虽经全力抢险，无奈这天降“大坝”过于庞大，最终还是溃坝决堤，高于五六十米的水墙倾泻而下，将下游沿江几乎所有道路、桥梁冲毁。尽管人员及时撤离，但著名的 318 国道却持续中断了好几个月。

究其原因，除地质构造复杂外，同样和气候变暖、冰川融化有关。

易贡藏布河

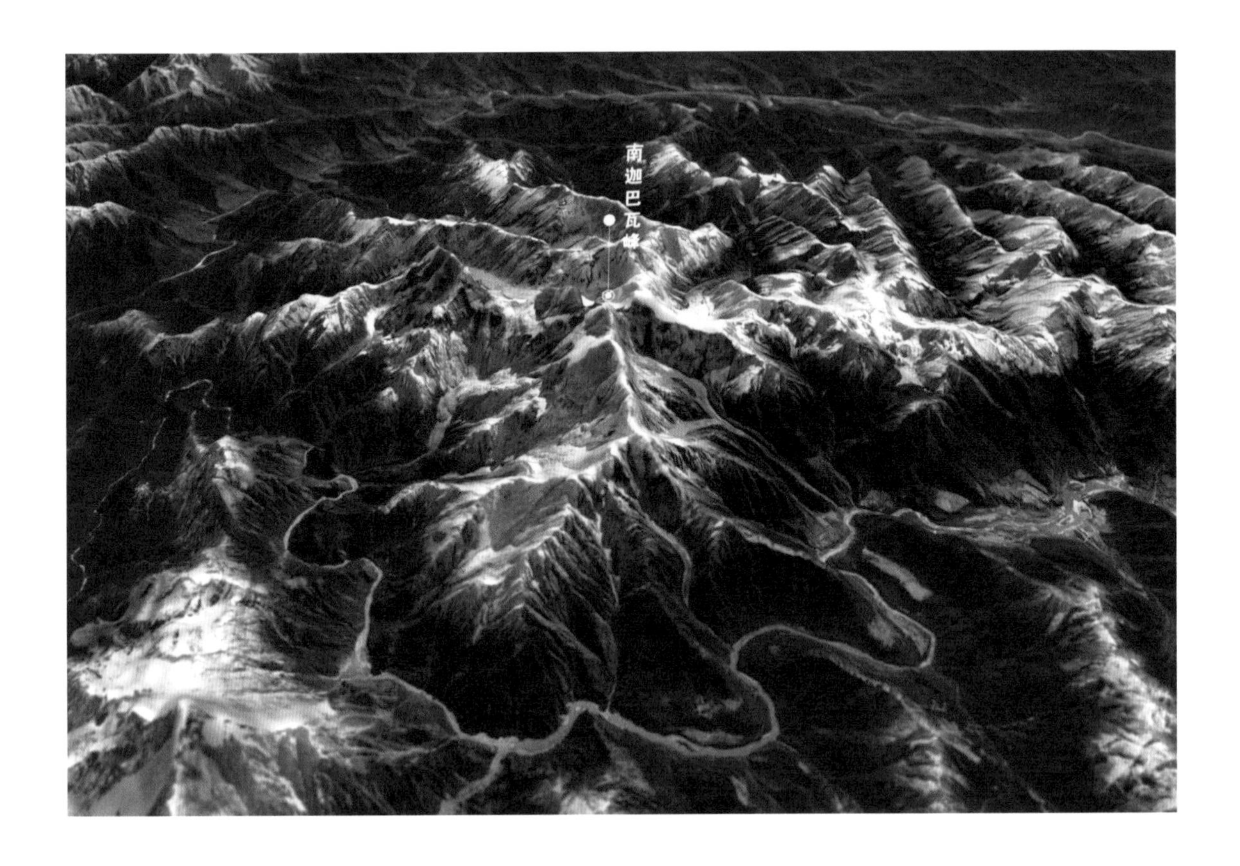

前往墨脱：垂直四季奇观

喜马拉雅山脉最东端的地标性雪山距离易贡茶场不远，它就是神奇而羞涩的南迦巴瓦峰。

雅鲁藏布江在南迦巴瓦峰脚下完成了一次几乎 180° 的大拐弯，也就是从这个拐角开始，雅鲁藏布江一路向南，奔腾咆哮，深切的大峡谷自南向北，为印度洋暖湿气流留出了北上通道。

雅鲁藏布江绕过南迦巴瓦峰就流入西藏墨脱县境内。直到 2021 年初春，从外界前往墨脱，还必须翻过海拔近 4000 米的嘎隆拉山口。这里每年有 8 个月大雪封山，即使通车，也只能单向行驶。然而，雪花纷飞恰恰是这里水汽充足的写照。

翻过雪山，持续下坡，大雪忽然就不见了，取而代之的是高耸茂密的森林，不时还能看到鲜艳欲滴的杜鹃花。再往下行，皮肤明

墨脱县

墨脱的热带植物芭蕉

显感受到久违的潮湿，居然还能看见亚热带地区最常见的芭蕉。

墨脱是中国最后一个修通公路的县城，从波密县前往墨脱距离 116 千米，这一路行程不到 4 个小时，却陡降 2500 多米，从春到冬，又从冬到夏，尝遍人间冷暖。

墨脱气象监测

地球上的热带雨林当然主要在南北纬 23.5° 之间的热带地区，但墨脱地处喜马拉雅山脉东段腹地，位于北纬 29° 附近，那么，这里的热带植物从何而来呢？气候专家判断，正是因为大峡谷为印度洋暖湿气流留出了通道，让湿热的大气能进入墨脱，造就了墨脱独特的气候和植被。

为了证实对墨脱气候的判断，气候专家选择在县城西南的格林村建立一座气象观测站。这里有一片生机勃勃的茶田，从茶田向北眺望，远处就是高峻的南迦巴瓦峰。俯瞰雅鲁藏布江，云海缭绕，千变万化，这大概就是携带着暖湿水汽的印度洋季风了。

气象观测站主要是监测这里的风速、风向、温度、湿度，还有土壤的温度、湿度以及可燃有害气体，这里还有一个雨量桶，为的是检测有多少降水产生。

北纬23.5°
南纬23.5°
29°

雅鲁藏布江在两山间奔腾

喇叭口地形造就的壮观景观

暖湿气流遇到喜马拉雅山脉的阻挡，会像流淌的河水一样开始分流。一支向西从喜马拉雅山脉中西段的各个峡谷沟口向北渗透；而另一支流向东方，在喜马拉雅山脉的最东端，找到了一条最宽大的入口通道，也就是雅鲁藏布江大峡谷。

墨脱县西侧是喜马拉雅山脉东段，成西南东北走向，东侧是南北走向的横断山脉。

雅鲁藏布江在两山之间奔流了千百年，深切出的巨大河谷，最低处海拔只有 200 多米。

可以简单形象地理解它是一个喇叭口。顺着这个喇叭口暖湿气流“呼”地冲了进来，而高的地方气流进不来。正好墨脱处在这个喇叭口位置，所以它获得的热量、水分等好处就特别多。

印度洋暖湿气流顺着喇叭口由宽变窄不断挤压汇聚，积累了比同纬度地区更多的热量和水汽，从而有了墨脱这处世界上最高纬度的亚热带景观。

墨脱果果塘大拐弯

从西藏墨脱县城出发，沿蜿蜒山路驱车近 8 千米，就可以到达门巴族聚居地——德兴乡。德兴乡隶属于西藏自治区林芝市墨脱县，地处墨脱县南部，雅鲁藏布江在德兴乡又拐了个弯，这个弯被命名为果果塘大拐弯，拐弯处的山坡上同样

布满整齐的茶田。

墨脱县平均海拔 1000 多米，年降水量 2000 毫米左右，这里湿润多雾，海拔适中，适合茶叶生长。

如今，茶叶已经成为墨脱最重要的经济作物之一。或许，随着交通越来越便利，墨脱茶也会像易贡茶一样，成为西藏茶叶的又一大品牌。

果果塘大拐弯

林芝桃花

林芝桃花，世外桃源

途经墨脱的暖湿气流进入喜马拉雅山以北后，随着海拔升高，又播撒出另一番温带景色。

团团粉红的桃花，掩映在一片绿色之上，间或还有点点明黄。如果光看这景象，还以为是在中国的内地平原，但实际上，这是位于西藏东南部，雅鲁藏布江中下游的林芝市。

上有雪山，下有大河，银装素裹衬托着桃花锦簇，一片良辰美景犹如梦中的世外桃源。暖湿的气候，就像画家的调色板，挥洒出一派雨露滋润，使林芝的春天成为整个青藏高原上的“西藏江南”。如今，这里已成为大名鼎鼎的旅游胜地。

林芝桃花

工业污染物加速冰川消融

中国科学院珠穆朗玛峰科考队回到位于兰州的西北资源与资源研究分院后，科考队员开始使用各种仪器对珠穆朗玛峰的土壤和冰雪样品进行了分析研究。正如前面提到了，调查人类工业污染物对珠穆朗玛峰冰川的影响是此次珠穆朗玛峰科考的任务之一。

科考人员在室温条件下先把雪样融化，然后经过过滤、烘干等一系列步骤，用仪器检测雪冰样品中有机碳的含量及重金属等多种工业污染物的指标含量。这其中碳类物质的含量是最受冰川学者们关注的，因为它们在某种程度上对珠穆朗玛峰冰川的消融起着助推作用。

为什么这么说？因为黑炭的颜色为黑色，它们沉降到冰川上以后，会导致冰川表面的反射率减小，为此冰川会接收更多的太阳短波辐射，导致冰川进一步加速消融。

积雪越来越薄

冰川在消融

科考人员分析雪样

这些雪会加速融化吗

二氧化碳让全球变暖

我们虽然难以抗衡大自然的变化规律，但有效地控制并减少碳排放，如今已经成为全世界的共识。自工业革命以来，人类活动不断地加大二氧化碳等污染物的排放，而二氧化碳恰恰会吸收地球散发的热量，让大气层如温室一般逐渐升温。

珠穆朗玛峰虽然高耸入云，但大气环流仍然会把各种人类污染物输送上去。它们不但加剧冰川的融化，也是全球气候变暖的见证。因此，作为世界最高峰的珠穆朗玛峰，就成为科学家们观测、研究碳排放动态的最佳样本之一。

是的，自千百万年前珠穆朗玛峰崛起开始，它就成为我们地球家园里的一个标志，一种象征。吸引我们不断地去探索大千世界的奥秘，也激励着人类不断挑战自我。

雪山冰川、江河云海、植物动物，还有人类，一起构成了今天的喜马拉雅山脉和它最值得骄傲的珠穆朗玛峰。

一天中不同的珠峰景象

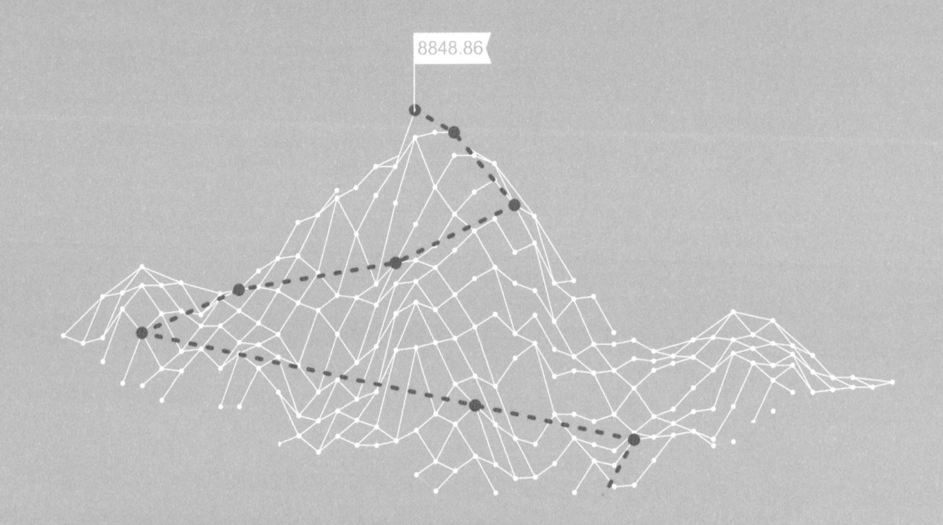
8848.86

第二章

三江源大科考

涓涓细流，
隐匿着母亲河黄河的发源，
千丝万缕，
孕育着国际河澜沧江的雏形，
冰清玉洁，风吹草低，
诞生了中国之最长江的第一滴水，
这就是三江源大科考。

三江源科考大启动

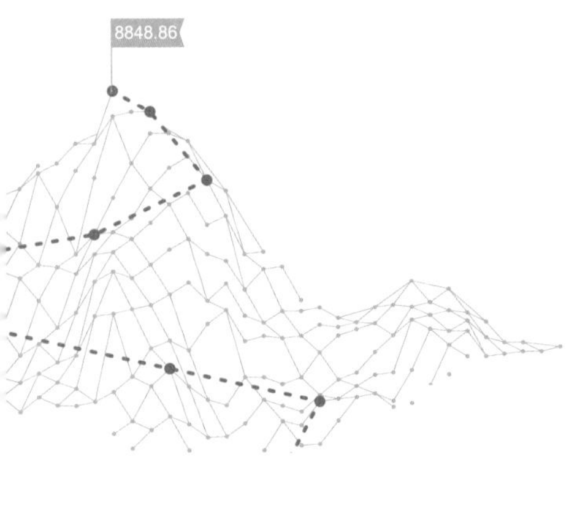

中国之水青藏高原来

在世界最长的十条大河中，追本求源居然有三条集中发源于中国腹地青海省。它们是黄河、长江和澜沧江。黄河、长江是中华文明的母亲河，澜沧江贯穿东南亚，号称众水之母，是亚洲唯一的一江连六国的国际河。

万物因水而生，人类择水而居，于是河流也被称为生命河。然而这三条大名鼎鼎的河流，却不约而同对人类隐藏着一个看似并不深奥的秘密——它们的诞生地。梦想一探究竟的人从来就没断过，然而此起彼伏的争论至今也没有停止过。

青藏高原的生态

2008 年的初秋，一些皓首白发的长者和精壮的汉子陆续汇聚到中国青海省省会西宁，年长者大多是中国国宝级人物——中国科学院或中国工程院的院士。而那些正当年的汉子也绝非等闲之辈，都是中国科技界的骨干。此次，这些实力派科学家们云集西宁，犹如华山论剑，使出浑身解数，就是要攻破三江源这一忽明忽暗的迷魂阵。

青藏高原的冰川

青藏高原的山川

青藏高原上的冰雪

融化的冰雪

三江源国家公园黄河源头约古宗列曲

西藏的纳木错湖

三江源头到底在哪里

从古至今国内外各界人士，曾对三江源头进行多次考察，但源头的具体位置至今没有一个统一的科学结论。

中国古人说，黄河之水天上来。虽然这只是感叹自然的诗句，但黄河、长江、澜沧江确实都来自世界上离天最近的地方——青藏高原。

从卫星地图上看，黄河、长江、澜沧江三条大河的源头区相距并不远，都集中在世界屋脊的腹地——中国青海省南部，平均海拔 4000 米以上，面积 30 多万平方千米。那里气候寒冷，空气稀薄，是世界公认最不适合人类生存的地区之一。

三条大河的第一股水流就悄然隐匿在那里的雪山沼泽之间，与飞禽走兽为伴。然而，它们的具体位置到底在哪里，犹如雾里看花，整个地理学界至今没有定论，成为中国科学家们的一大遗憾。

一条河流的源头在哪里？怎么发育起来的？怎么形成的？这条河到底有多长？这都是很重要的地理位置和科学问题。

源头跟上游的生态和环境的状况对于中下游至关重要，如果在源头或者上游被污染了的话，那中下游的问题就更严重了。

所以，研究“三江源头在哪里”最重要的科学意义，就是要了解与人类特别相关的水资源、水环境的真实情况，以此来评估我们生存的环境。

寻找三江源还具有非凡的人文意义。那么重要的大江大河，如果连它的准确位置都不清楚，很难证明我们已经是拥有高度文明的民族。

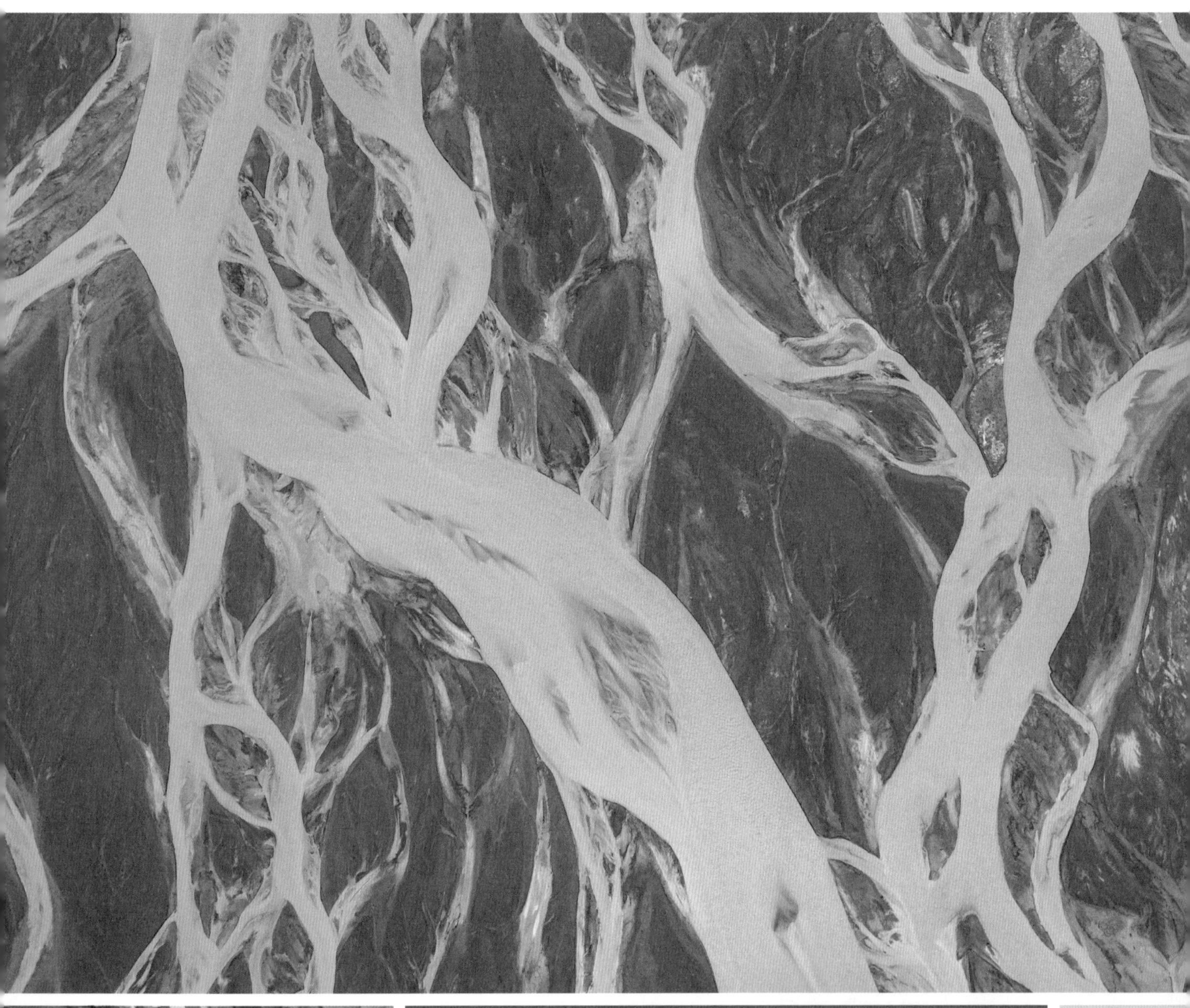

经幡

冰湖

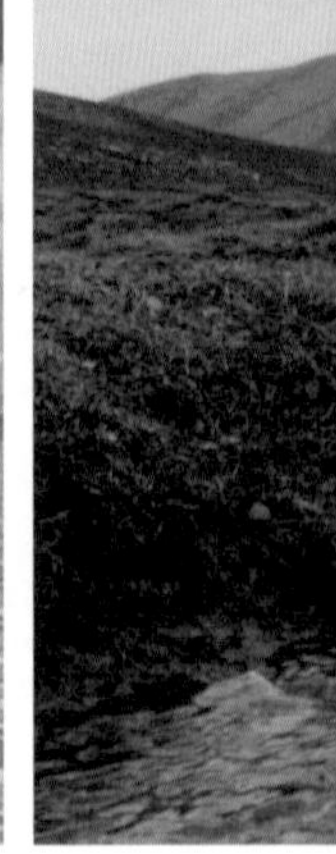

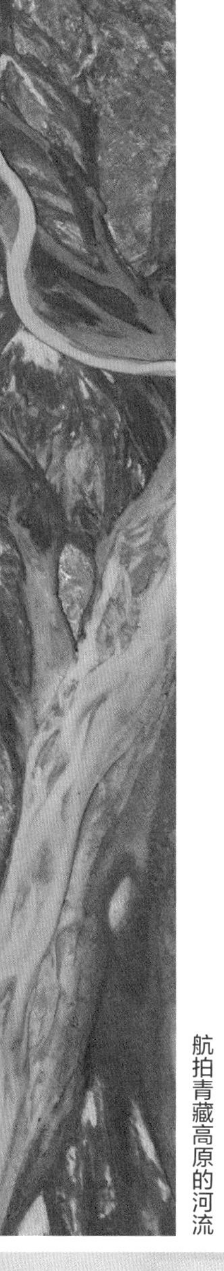

判定真正源头的依据

考察队要溯源而上近万千米，而三江源区河流沼泽枝蔓繁多，相互纠缠，哪一条、哪一点是三大江河的准确源头呢？

世界历史上所有文明的诞生与繁荣都依托于江河。

人们对哺育自己的江河有着非同寻常的情感，母亲河的称谓自此而来。因此有专家认为，确定河源不能忽视人们情感的认同。

流量是很多科学家支持的河源标准之一。因为有水才有江河，谁的水量最大，谁才配做江河的正源。

按照河流的长度排名是人们最广为接受的标准。因此，只有找到离入海口最远的源头才能测量出大河的长度。

长度最长、水流量最大、流域面积最广、和主流流向一致，还要符合传统习惯，仅在专家那里就有如此多的标准，世界上还没有哪条河流的源头同时具备上述条件。于是激烈的争论也就在所难免。

此次三江源头科考队的首席科学家刘少创，也是中国科学院遥感应用研究所研究员。从 1999 年开始，他用了近十年时间探寻确定了十条世界最长河流的源头和长度，他极力坚持的原则是以距离入海口最远的源头为正源，也就是河源唯远。

他认为，从历史上人们一直在探索大河的源头，比如说包括尼罗河探险、亚马孙河探险，但到现在为止都没有一个统一的源头判定的标准。三江源区以前没有大比例尺地形图或者类似高分辨率的影像，而现在技术发展了，高分辨率的卫星影像也有了，这就代表着确定河源比原来要准确得多了。

溪流

河流

为什么一定要实地考察

但是，卫星影像也有一个弊端，就是呈现出来的画面并不一定是完全真实的。比如，在画面上看到绿色的是草地，蓝色的是河流，但蓝色也有可能是冰。因为水和冰的性质是一样的，卫星影像有的时候会混淆。特别是越接近源头，水流越来越小以后，卫星影像可能会有一些混淆的现象。这就是为什么要去实地考察的原因。

此次科考，科考队将携带多种最为先进和精密的仪器，涉及遥感测绘、水文地质、地理环境、重力测量等多个学科。而确定源头地理坐标的精确位置是揭开三江源神秘面纱的基础。

青藏高原原生态

科考队要对三江源头的地理信息的变迁进行研究。首先要确定这几个源头到底在哪里，并且准确测定它们的坐标。测定坐标的意义有两个：一是建立国家地理标志；二是为科学研究奠定基础。

科考队

是一项不可能完成的任务吗

青藏高原高寒缺氧。平原地区司空见惯的感冒发烧，到了那里却可能致人死命。进行严格的体检时气氛紧张，队员们不是担心健康，而是担心被考察队淘汰。

登山鞋、冲锋衣、羽绒服、头灯、水壶、遮光镜，科考队的装备可谓是武装到了牙齿。即便如此，难以预知的大自然仍然令此次科考前途莫测。

此时的高原正是旱季，有利于寻找常年流水的真正源头。但危险也很大。一旦突降大雪，不仅源头溪流会隐身雪下，甚至会使科考队处于进退两难的险境。

未来短短 35 天内，他们必须行程 7000 多千米，走遍三条大河的十九条源流，带回三江源头的综合科学数据。这在三江源考察史上还是第一次，甚至有人认为这根本就是一项不可能完成的使命。

青藏高原雪山公路风光

科考队出发仪式

第一项任务：寻找黄河源头

在雨中出发，第一项任务就是寻找黄河源头。黄河，中国第二长河，世界第六长河，从地处渤海的入海口溯源而上，流经山东、河南、山西、陕西、内蒙古、宁夏、甘肃、四川、青海七省二区，是中国的内河。

在今天各类地理书籍中，黄河全长 5464 千米。源区位于青海省中部，有三条最主要的支流，它们都发源于巴颜喀拉山脉北麓，从北向南分别是扎曲、玛曲和卡日曲。基于历史传统以及长度、水量等多种原因，扎曲首先被排除了，谁是黄河正源的争论集中到了玛曲和卡日曲两条支流之间。

一路西行，不久，日月山到了。日月山，处于我国季风区与非季风区的交界地带，是农区与牧区的天然分界线。所谓东边雨打芳草萋萋，西边雪压枯草惨惨。跨过日月山就真正进入了青藏高原。

藏羚羊

出乎意料，青藏高原一扫秋雨的阴霾，在一个名叫苦海的湖边，阳光照亮了科考队员们的眼睛，困意在碧海蓝天中消散。

一片祥和的景象中队员们睁大了双眼，黄昏的阳光温暖地送来一群黄羊，一只肥硕的狐狸正闲庭信步，探亲访友一般。遗憾的是，狐狸对科考队员的驻足采取了敬而远之的态度。

黄羊的学名叫藏原羚，是典型的高原动物。识别它的主要特征是白色的臀部。虽然黄羊算不上稀有名贵，但其适应能力极强，繁殖速度很快，在环境恶劣的青藏高原，是适者生存法则的最好实践者。

在大城市几乎见不到野生动物的队员们视眼前的黄羊如若天赐。残阳已经昏昏欲睡，有经验的人终于耐不住，郑重告诉大家，不要再少见多怪，等到了黄河源区，黄羊比家羊还要多，那才叫动物天堂。队员们再次上路，在想象中期待着。

在三江源早已名声远扬的其实是藏羚羊。只是季节不巧，随着冬季将至，它们大多迁徙到阿尔金山和可可西里深处过冬去了，零散的藏羚羊也躲得远远的，难觅身影。

昆仑山下

黄河源区第一县——玛多

天色很快朦胧。今天的目的地是黄河源区第一县玛多。据说，玛多在藏语中就有“黄河源头”的含义。无论黄河正源是玛曲还是卡日曲，各条支流都在玛多县汇集成黄河干流。

不过，早在2000多年前，中国古人对黄河源头的认识就已经追溯到比玛多更远的地方。当时的著名地理典籍《山海经》中就说：“河出昆仑”。河，在古代专指黄河，意思是说，黄河的发源地在三江源西北方向的昆仑山。

“河出昆仑”一说持续了很久，《史记·大宛列传》中甚至把黄河本源远推到新疆于阗，今天看来虽然并不准确。但古人对黄河的追本求源显然超出了一般的了解。

玛多县有个谜，海拔3000多米，不算高，却连多年的老青藏到此都难免头疼气短。第一晚，随队医生彻夜未眠。

鄂陵湖畔的争论

天一亮，大队人马已经出现在大名鼎鼎的鄂陵湖畔。但这大名却令人困惑，因为当地百姓一口咬定这是扎陵湖，与正规地图中的名称正好相反。谁对谁错，莫衷一是。如此这般，有关黄河源的争论岂不更加难以判定。最可靠的办法，还是尊重科学。水文组的工作就这样开始了。

科考队在扎陵湖与鄂陵湖之间的一个通道进行测量，黄河从扎陵湖流出，通过这一条河流入鄂陵湖，所以这个应该是黄河干流。

测量流量时，先找一处适合测量的河床断面。测出河面的宽度后，用测速仪相隔数米测量深度和河水的流速，从而得出水流量的瞬间值。

水流量是判定河源的重要标准之一。因此，此次科考把水文

鄂陵湖畔

作为必需而重要的考察项目。

当然，这次科考测得的仅仅是一个瞬间的流量，今后根据科学观察的需要，每年科考队都可以再来这里测量。

科考队测量河流流量

鄂陵湖

确定黄河源头的意义

大约1000年前，唐王朝就有人到达今天科考队观测水文的位置。从那时起，中国古人对黄河源的认识渐渐摒弃了想象，变得明晰起来。《新唐书》记载：大将李靖平息吐谷浑叛乱时，曾经到达星宿海和柏海。柏海就是扎陵湖和鄂陵湖，而星宿海的位置还在两湖的上游，湖沼密布。显然，那时的李靖已经知道黄河河源在扎陵湖、鄂陵湖之上，至少到了星宿海。其实，考察队这次要考察的玛曲和卡日曲，距离星宿海并不遥远。

史书记载表明，几千年来，古人寻找河源的位置似乎不只是源于好奇。显然有设立地标和军事的现实需要。对于今天来说，确定黄河源头的准确地理信息当然有更加广泛的意义。

通过源头的确定，可以更进一步地掌握源头地区的生态气候条件，以及方方面面的因素对源头地区带来的影响。

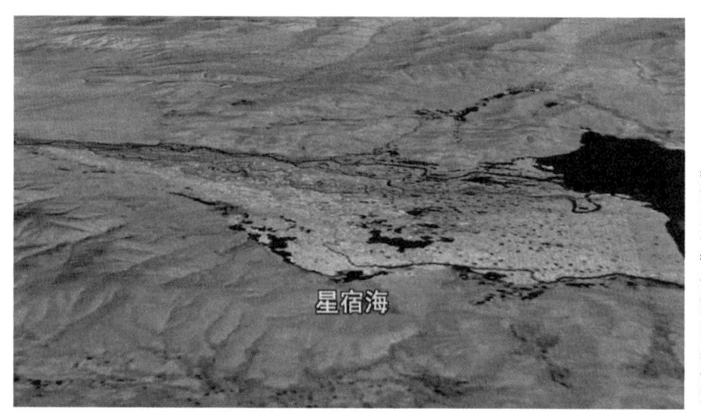

《新唐书》记载的星宿海

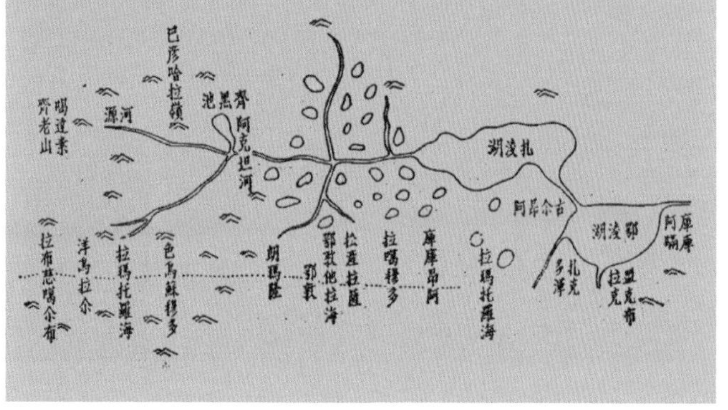

史书上记载的黄河源地理位置

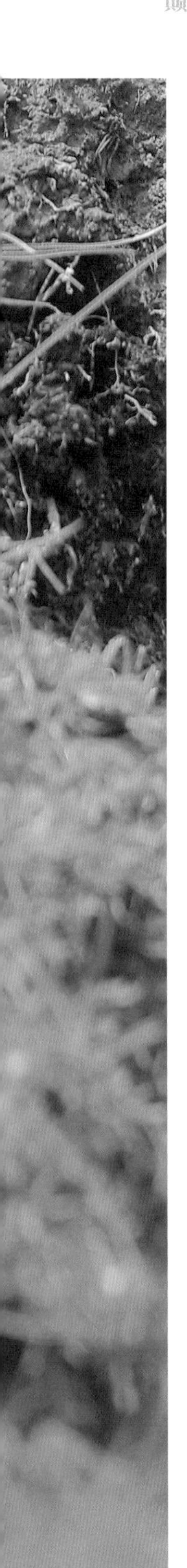

高原鼠兔繁殖隐藏三江源生态变化

此次科考队探寻三江源头的同时，还要对源区内的气候、土壤以及草场植被的变化进行考察。

比如，科考队要对源区内的产草量进行计算。科考队员会把一定面积的草剪下来放到袋子里，用来称一下它的重量。然后再通过卫星遥感影像来看大概有多少草场面积，这样就能计算产草量了。

在青藏高原，高原鼠兔是最庞大的动物种群，它们大量繁殖，破坏草场。但其危害到底达到何种程度？地理组的考察结果令人惊讶。

从整个三江源地区的鼠害情况来看，鼠害程度都比较高。重度退化的草地在 100 平方米的面积里面，鼠洞能够达到 200 个左右。

高原鼠兔繁殖的多少和三江源的生态变化密切相关，主要跟水的关系比较密切。在土壤比较干燥的情况下老鼠就会比较多，在土壤比较湿的地方老鼠就比较少。

显然，鼠害反映了三江源一个令人担忧的事实，就是水量的减少。

地理组组长刘峰贵是藏族，草原牧场是他童年的乐园。大学毕业后，他投身青海省生态保护的研究中。在他的记忆里，8 岁以前操场上生物的多样性是非常丰富的，除牛羊吃的东西以外，还有人可以吃的东西。草相对来讲比较高，那个时候能看到“风吹草低见牛羊”的景观，但是现在已经看不到了。原因一个是跟过度放牧有关系，另外一个跟气候变化也是有关系的。

科考队计算源区内的产草量

高原鼠兔

玛曲秋季草原中蜿蜒的河流和牛羊

三江源气候变暖的种种生态影响

除了直观的变化外，科考队也利用地温计来分析三江源区气候变暖的情况。它看似简单，但在三江源区还是第一次使用。

地温的变化对牧草的生长、对冻土的研究都有非常强的意义。

科考队发现，黄河源头区已经出现了水量减少的征兆。

大气候全球变暖以后，整个冻土是往下沉的，地表水往下渗，因此造成地表含水量减少，土壤变得更干，草场也就退化了。

科考队员提取了土样，通过成分分析，可以了解数万年以来三江源地区的气候变化情况。

全球气候变暖甚至会导致三江源源头的位置发生变化。精确确定三条大河源头点的地理数据，对其进行监控，将是了解保护三江源生态的有效办法。

因此，尽早确定黄河源头的准确地理信息，显得更加迫切。扎陵湖与鄂陵湖是黄河源区最重要的两个汇水湖泊，在这里完成相关考察后，科考队绕过了星宿海犹如繁星点缀的沼泽湖泊，转战千里，向黄河的最上源进发。

玛曲和卡日曲，人们又该沿着哪一条河溯源才能抵达真正的黄河本源呢？

黄河源鄂陵湖成群的藏野驴

水文、地理、重力各组忙碌测量

虽然以玛曲作为黄河正源是千百年来的历史习惯，并且黄河水利委员会也认定玛曲就是黄河正源。但是 1978 年，青海省测绘局组织的一支科考队却发现，无论是长度还是水量，玛曲南面的卡日曲很有可能超过了玛曲，那么，如果遵照河源唯远和水量为大这两个原则，卡日曲似乎更应该作为黄河正源。

科考队刚刚出发时，经常来三江源的队员说，黄河源区是动物的乐园，所言不虚。在一片美丽的草滩上，一群肥硕的藏野驴监视着科考队水文组的工作。它们显然并不怕人，在考察队的专业摄影师面前摆出各种姿势，怡然自得。

在黄河源区，科考队专门测量对比了玛曲和卡日曲的流量。结果卡日曲的瞬间径流量超过了传统正源玛曲。遗憾的是，黄河水利委员会在分析评估确定河源的各项标准时，不认可瞬间流量的科学性，认为在一条没有常年水文观测的河流上，比较流域面积更科学。

美丽的三江源隐藏着太多的秘密，就连河源这样最基本的地理位置也让人们喋喋不休争论。既然多数专家认为“河源唯远”是确定河源的第一标准。卡日曲确实比玛曲长吗？如果结论是肯定的，那么，寻找距离入海口最远的黄河源头就该沿着卡日曲溯源而上。

黄河源头探寻

卡日曲与玛曲，哪个是真正的源头

2008 年秋，青海省政府、青海省测绘局组织了一支特殊的三江源头综合科考队，深入三江源区人迹罕至的腹地，试图找到黄河、澜沧江、长江三条大江的源头。然而，江河源头不仅自然条件复杂恶劣，而且多年以来就是一个充满争议的话题。大河源头该如何认定？遵循怎样的标准？仁者见仁、智者见智。

两幅绘于清代的古地图表明，当时的人们已经越过了星宿海，发现了新的黄河源流。中国古人对黄河源头的关注大概源于沿途地标的需要。自唐代将黄河源头定位于星宿海后，中原与青藏地区的交流大道唐蕃古道日渐兴起，而这条古道当时就穿越了黄河源区。

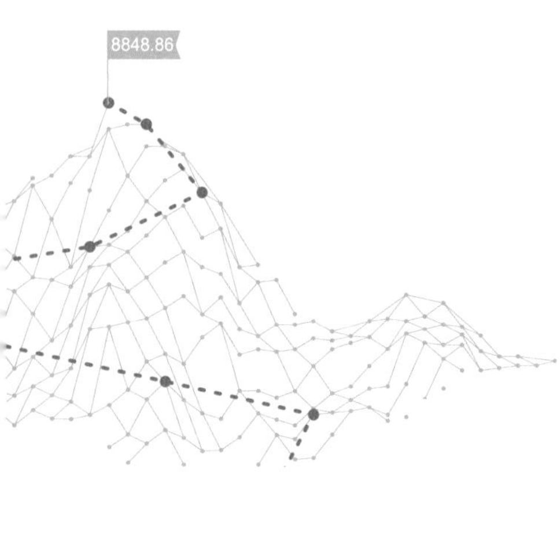

据说，公元 821 年，唐朝前往吐蕃的使节刘元鼎还曾专门寻找过黄河源头。到了元朝，皇帝忽必烈也派过一个叫都实的人寻找黄河源头，结果发现，黄河源头就在星宿海西南百余里处。

清代的《康熙皇舆全览图》是中国第一幅具有经纬线的地图，它是证明古人找到黄河发源地最有力的证据。河流山脉的名称虽然与今天有所不同，但是已经能够找到和扎曲、玛曲和卡日曲相对应的河流。而在图中还能找到黄河源的字样，所在位置是今天的玛曲源头。据说清代时，黄河中下游洪水泛滥、灾害频繁，治理黄河的官吏曾多次前往河源告祭河神。

但是，随着科技的进步，专家们发现，黄河源区南面的卡日曲无论水量还是长度都不亚于玛曲。那么，这两条支流该认定哪一条为黄河正源呢？在传统情感与科学的纠葛中，很多年以来，人们一直争论不休。

玛曲黄河

重力仪，大河源头追踪利器

黄河水利委员会是黄河流域水利治理的主管机构。从 2004 年开始，他们整理汇编了新的黄河流域特征值资料，这是黄河各项水利工作开展时必需的基础工具。其中把黄河正源定在玛曲的各种理由中，很重要的一条就是历史与习惯的延续。

其实，黄河水利委员会最早认定玛曲为黄河正源的时间是 1952 年。当时，他们组织了一次从通天河调水入黄河的可能性考察。考察中发现，玛曲作为黄河的源头不但有历史记录，而且在当地藏语中，玛曲一词的含义就是黄河。

沿玛曲溯源而上，有两个重要的小支流，一个叫玛曲曲果，另外一个距离黄河入海口更远一些的叫约古宗列曲。很多年来，这两个源头支流所在的玛曲源区就成为人们祭奠黄河源的主要场所。

但是，过去的地理坐标数据都是用误差较大的手持全球定位系统（GPS）测量的。这次，科考队带来了误差达到厘米级的先进 GPS 测量仪，并立下了国家地理标志的石碑。

另有两位队员在源头点进行了一项十分重要的测量。由于过去的三江源考察从没有这两台仪器参与，中国科学家们一直认为是心灵之痛。

这两台仪器就是重力仪。

武汉大学测绘学院院长李建成是中国著名的大地测量学者，也是此次科考主要的技术指导专家。

GPS 测得的高度是不能决定水的流向和流速的，必须在地图上标海拔高才行。要精确知道三江源的海拔高，就要必须通过引力场的信息确定等值于海水面的大地水平面和椭球球面的差异。有了这个高度，就需要把野外采集的资料加上重力场的信息，换算成三江源头高精度的海拔高程，从而知道国家重要地理位置三江源源头的三维地理坐标信息。

用 GPS 得到的是大地高。由于地球并不是标准的圆形，要将大地高转换成海拔高程，重力数据是非常重要的。而且，重力测量还可以为地质学家了解地球构造寻找矿藏提供线索。

向黄河源头那扎陇查河进发

就在水文、地理、重力各组忙碌的同时，科考队首席科学家刘少创正带领另一组队员向黄河最长支流卡日曲的源头进发。刘少创是“河源唯远”这一标准的坚定支持者。卫星遥感影像显示，卡日曲的上游还有一条小支流，也就是那扎陇查河。

几乎所有河源腹地都没有路，即便有当地百姓做向导，所走的路同样是河流和沼泽。艰苦的环境会不会影响测量精度呢?

黄河水利委员会的专家们利用 1 ： 50000 地形图，将河道延长至河流分水岭也就是山脉的山脊处，而后确定那里为河流源头。只是，将大河的源头定在没有水的山脊上，这在世界上还少有先例。

大河的源头定在分水岭后，专家开始测量河流长度。他们先在地图上描绘出河道，然后利用地理信息系统进行处理。无论是地图的精确性还是测量手段都比过去有了极大进步。

这样的测量坚持尊重历史传统，把黄河源头确定在玛曲支流约古宗列曲上方的山梁上；而

三江源国家公园黄河源头雪山公路

科考队利用卫星影像，实地勘察，坚持寻找离入海口最远的、常年流水的泉水，并以它为黄河正源。

2008 年 10 月 2 日，在大马力越野车再也不能继续行驶的沼泽滩上，刘少创带领一组队员高原徒步 10 多千米，前往那扎陇查河源头。随队的摄制组带着近 20 千克重的摄像机艰难地跟随上去，这是第一次有专业媒体拍摄到距离入海口最远的黄河源头。

三江源科考队在黄河源区探访了六个源头，测量了四个河流交汇处的流量，并作了大量环境调查。无论是传统源头玛曲曲果、约古宗列曲，还是最新地理测量发现的那扎陇查河源头，科考队都测量了 GPS 地理坐标数据，并留下了地理标志。

关于黄河正源究竟在哪里的争论还在继续，它的意义最终是让人们全面真实地认识大河之源，因为科学会在不断的争论和质疑中逐渐贴近真相。

澜沧江源头

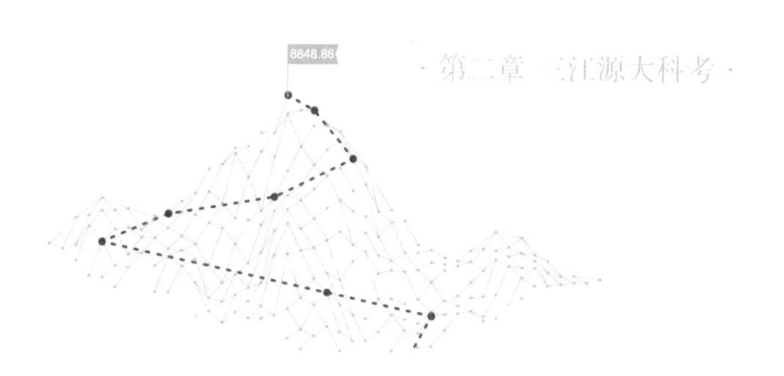

澜沧江源头科考

向神秘的澜沧江源区进发

离开黄河源，来不及喘息，科考队就向下一个目标澜沧江源区进发了。大部分中国人对澜沧江的了解远不及长江、黄河。但正因为如此，澜沧江源头才更加神秘而充满诱惑。

澜沧江是亚洲唯一一条一江连六国的国际河流。它从青藏高原发源后，经中国的西南地区出境，再穿越缅甸、老挝、泰国、柬埔寨和越南五国流入南中国海。所到之处，浇灌出许多鱼米之乡。东南亚地区称澜沧江为湄公河，而别称是众水之母。

科考队来到青海东南部的玉树藏族自治州，这里是前往澜沧江源的必经之地。除了著名的新寨玛尼堆之外，在城外还立有三江源保护区的纪念碑。旁边峡谷中，就是长江上游通天河。科考队跨江而过，他们暂且放下长江，先去攻克澜沧江源。

澜沧江源区位于三江源区的南边，长江水系的当曲违背了中国西高东低的地形走势，自东向西、自南向北汇入通天河后，将澜沧江源区三面包围。

在三江源头中，澜沧江源头的确定争议最少，这不是因为它符合所有确定源头的标准，而是因为它的源头千丝万缕，错综复杂，很难判定。

澜沧江源近 400 条大小支流漫布在河谷间，有时连它们究竟流入了长江还是澜沧江都难以辨别。这些四处漫流的河水也是阻碍人们前往探源的屏障，以至很少有人能够深入那里。

科考队中，只有首席科学家刘少创深入过澜沧江源头。在过去 10 年里，他曾探寻过 10 条世界最长河流的源头。

前往澜沧江源区，科考队第一站是玉树藏族自治州的杂多县，它是距离澜沧江源头最近的县城。澜沧江上游在当地名叫扎曲，就从县城中穿过。

考察队刚到杂多，当地最有经验的向导多杰和达英就来了，商量进入澜沧江源的计划。

两位向导经验丰富，熟知当地的民情地理。有了他们的意见，科考队制订了步步为营梯次行进的计划。最后，由体力最好、经验丰富的几名队员组成冲锋队，骑马进入澜沧江的源头点。

科考队建立了三个大本营，分头行动，这是因为澜沧江源区河流如织，道路艰险，源头实在难以寻找。

由于澜沧江在中国境内流经的地区偏远闭塞，古代中国对澜沧江源头的探求几乎是个空白。到了近代，澜沧江作为国际河流，反倒引起了一些国外探险者的关注。

1866 年，6 名法国人为了开辟延伸澜沧江的航道，从越南湿热的沼泽地出发，沿江溯流，跨越近 4000 千米来到中国西部寒冷的山区寻找源头。当时，探险队里一位叫德拉波特的画家绘制了图画，描绘了澜沧江沿岸的风情，也让外界第一次了解到澜沧江源。但是，从这些图画看，显然他们还没有到达真正的源头。探险行动历经两年，最终无果而终。

在此后的 130 多年里，至少有 12 批寻源探险队来过澜沧江源区。但是，他们在严酷的自然环境中都铩羽而归。1894 年，甚至还有一位名叫杜特路伊的法国探险者因为与当地百姓发生冲突而丧命。

为了做好准备，挑战三江源中最艰苦的澜沧江源头，科考队在县城休整一天。但副队长徐亚明却带领几位队员来到当地的佐钦寺。雪山白塔浑然天成，庙宇雄壮威严。大家却无心看景，他们要拍下这座寺庙的三维影像，收录到三江源信息系统中。

这一次科考，除寻找长江和三江源的源头之外，还要记录当地的文化，所以对一些寺庙等典型的建筑物要进行扫描，作为档案存储。

科考队员用现代科技手段绘制了三江源的全息影像。此刻，在佐钦寺新建的大殿中，几位年轻画师正边画边唱，对他们来说，工作和娱乐是密不可分的。

山的力量，水的灵气，三江源的壮美早已融入当地人民的血液中。他们善良质朴，信守承诺，虽然生活环境残酷而恶劣，但是，从不缺乏色彩与歌声，那是虔诚的表达，也是幸福的祈盼。这一切感染着考察队员们，不知不觉中就心情豪放旷达起来。澜沧江源越来越近了，面纱将不再朦胧，神秘却还在延续。

佐钦寺

澜沧江边的村庄

澜沧江探险历史

晨霭中，三江源综合科考队开始进入澜沧江源区。出了县城不久，澜沧江就不断出现在科考队员们的眼前。为了避免陷车，车队小心翼翼地行进。而最神勇的是队里一辆六轮驱动的牵引车，似乎是要显示它强大的马力。

牵引车的这次渡河，使大家的心不由得紧缩了起来，幸好有惊无险。大家都相信它马力十足，必能救助其他车辆于危难。这对科考队来说是十分重要的，不久它便派上了用场，立了一功。

据记载，人们第一次探寻澜沧江源头是在 1866 年，一支法国探险队费时 2 年，却铩羽而归。此后，至少还有 12 支探险队来过，但都以失败告终。

直到第一支探险队来过澜沧江源 128 年后，终于有一位叫米歇尔 · 佩塞尔的法国探险家接近了澜沧江源头。

1994 年，米歇尔 · 佩塞尔在当地百姓的帮助下来到萨日咯钦山和加果空桑贡玛山两山之间的山口，认定那里就是澜沧江的源头。不过，或许是因为他过于注重自己的探险经历而忽视了科学的严谨。他所认定的源头并没有得到地理界的认可，因为这个源头不符合河源唯远的标准，水量也不是最大。

科考队进入澜沧江源区

科考队小心翼翼地行车

澜沧江遇险

虽然有向导带路，但是在澜沧江源区的河谷间，科考队还是陷入了困境。原计划当天要抵达一个叫昂闹村的地方。科考队却发现带来的青海省行政图没有标示这个村庄。向导询问路过的牧民，也说不清应该走哪一条路。科考队只好走走停停，在河滩地里摸索着行进。

直到今天，澜沧江源区依旧人烟稀少，反倒是野生动物把这里当作天堂。在前往河源的路上，科考队员们就多次看到黄羊、金雕和藏野驴，甚至还有国家珍稀保护动物黑颈鹤和野狼。

这几只高原狼原本要猎杀一只牦牛，正好被科考队员发现才恋恋不舍丢弃了猎物。不过，高原狼显然十分肥硕，这次捕猎失败不至于影响它们的生计。

路没找到，翻过一座山梁后，科考队的牵引车却发挥了一次强大的威力。

一辆牧民的卡车陷在河谷中已经 8 天了，电瓶也早已没电。牵引车又露了一手。

科考队终于在天黑之前摸索到了昂闹村。说是个村，其实只有村长一家在这里居住。此外，还有一所希望小学，就建在村长家的旁边。

澜沧江源区环境艰苦，人烟稀少，所以方圆几百里内就这一所小学，学生都是老师动员家长送来的。他们的父母以游牧为业，现在具体在哪，孩子们也说不清楚。只有假期时，家长们才会把他们接回家。

科考队的一号大本营就驻扎在小学里。留守的科考队员将和孩子们朝夕相伴，其中几名来自青海师范大学的队员还主动当起了老师。大概在整个杂多县，听过大学老师讲课的小学生只有昂闹村这几十个孩子。

国家珍稀保护动物黑颈鹤

探险扎阿曲的源头区

第二天，科考队员们把二号营地扎建在 100 多千米以外的昂瓜涌曲岸边。沿澜沧江溯源而上，昌都以上的干流叫扎曲，扎曲最上端有两条支流，分别叫作扎阿曲和扎那曲。而昂瓜涌曲是扎阿曲的一条支流，环境优美，适合队员们大战前放松一下紧张心情。科考队还为最后冲击源头的队员准备了丰盛的晚餐。

然而，就在科考队准备就餐时，天气却阴沉了下来。天气是三江源对科考队员的又一大考验，高原天气瞬息万变，高寒多雪，每年都有不少的牛羊死于雪灾。而前往源头的最后一段路车辆难以行进，大家将骑马进山。没有汽车躲风避雨，一旦大雪降临，后果不堪设想。

科考队之所以要探险扎阿曲的源头区，是因为 1999 年有人发现那里有两个源头很有可能是距离澜沧江入海口最远的，它们一个

澜沧江第一湾

科考队驻扎的营地

叫果宗木查，一个叫吉富山。

1999 年和 2002 年，科考队首席科学家刘少创曾经携带 GPS 两次到达过那里，经他测量，认为吉富山源头要长于果宗木查，应该是距离澜沧江入海口最长的源头。

科考队第一次去就是 1999 年六七月去的，当时正好是雨季，山谷里水很多，吉富山源头水很丰富。但当队员回来以后就发现一个问题，那里秋天是不是还有水，如果要是秋天有水的话，可以说它是源头，如果没有水呢？就不对了。

然而，吉富山是澜沧江源头，这个经刘少创谨慎考察后得出的结论并没有得到广泛认可。1999 年，几乎就在刘少创第一次到达吉富山的同时，另外一支来自中国科学院地理所的考察队到达了果宗木查。

云雾绕苍山

中国科学院地理所副研究员周长进认为吉富山这条河流水量比较小一些，它的流域面积也比较小，河长也稍微小一点。这样他们就确定澜沧江的正源应该在果宗木查比较合适。

周长进的河源评定综合了多种因素，他之所以认为果宗木查是澜沧江的源头，不但因为它的水量、流域面积都大于吉富山。而且吉富山的溪水主要流向长江，那么，在枯水季节，吉富山很有可能断流。

果宗木查在2004年还得到了一支来自香港的科考队的确认。黄效文是在香港注册的中国探险协会的创始人、会长。至今为止寻找考察过全部三条大江源头的探险家为数不多，而他是其中的一位。

中国（香港）探险协会会长黄效文说，当时因为很多报告都对澜沧江源有一定的争议，我们就去了中国科学院地理所说的那个源头，实际上两边走路的直线距离也就五六千米。

果宗木查和吉富山直线距离仅仅相差 6 千米，而周长进、黄效文和刘少创所用的技术完全一样，卫星遥感测量结合实地勘察，为何会得出不同的结论呢?

第二天一早，人们担心的大雪并没有降临，让人十分庆幸。最后冲击源头的队员登上了六轮驱动的牵引车前往前沿营地。开始一切顺利。然而，这台马力十足但重量也非同小可的大卡车很快陷入了麻烦。

司机师傅原本想把车开出有很多大石头的河滩，不想，河边山坡竟然是一座沼泽山，牵引车陷入了其中。一辆越野车冒险跟了进来，原本的依靠就是这台牵引车，可如今这辆越野车要想拽出几十吨重的牵引车却绝无可能。

一些队员四处查看，想要找到救援的办法，可是这里荒无人烟。

高原的天气说变就变，如果不能把牵引车拉出来，不但科考队的整个计划就此夭折，就连撤离也将变得十分困难。

科考队的车陷入泥潭

三江源国家公园澜沧江源头

挖出了陷进去的车子

科考队与当地牧民

无奈中，队员们决定自救。有经验的师傅让大家先把泥潭中的车轮挖出来，再在车轮下垫上石头，直到车轮不再下陷，然后让牵引车自己开出来。高原缺氧，体力劳动消耗掉的能量是平原地区的数倍。首席科学家刘少创要求大家，每个人每轮挖掘次数不能多于 5 下，生怕有人因缺氧加重高原反应。

这天，准备前往澜沧江源头的科考队员们在两个车轮下不停地挖掘，直到天黑了下来，才把这辆重达数十吨的庞然大物挖了出来。在距离澜沧江源头如此近的地方，第一次有专业媒体的摄制组记录下全过程。为了拍摄源头的画面，摄制组想尽了办法。大小两台高清摄像机价值几十万元，最怕的就是雨雪潮湿和驮马受惊，给科考队做向导的牧民们向摄制组保证，一定照顾好摄像机。

而这天的天气也让摄制组觉得运气不错，似乎一切顺利。然而，这里毕竟是海拔接近 5000 米的高原，天气说变就变。出发后不久，雨雪和大风降临到大家头上。湿滑的沼泽地，就连马也很难平稳地走在上面。两名队员还因为马失前蹄受惊，从马上摔了下来，幸好没有受伤。

保护摄像机的牧民兄弟信守承诺，一步不离地牵住驮运摄像机的马匹。生怕它滑倒。

黄昏时分，科考队终于到达吉富山的山脚下。这是刘少创鉴定的距离入海口最远的澜沧江源头，科考队将一次拿到果宗木查和吉富山两个源头的精确地理坐标数据，并以这两个位置为基础，对两个支流的长度进行对比。

由于吉富山在海拔 5000 米以上，地面上已经没有马匹能吃的草料。科考队员只好在几位牧民的帮助下徒步走向澜沧江源头。

吉富山的卫星图像

终于，就在吉富山的一个小山坳里，队员们看到了枯水季节中仍然在流淌的潺潺溪水。

而就在科考队来到吉富山的前一年，黄效文先生同样历经重重困难来到澜沧江源头进行考察。他在新的卫星图像上有了新发现。后来，黄效文先生坦然承认，影像放大后，吉富山流出的那道小河弯弯曲曲，如果将弯曲的河道拉直测量，它就会比果宗木查源头长出约 2 千米。当然，在澜沧江近 5000 千米的河长中，这 2 千米的影响微乎其微，但是，在澜沧江源头的科学探索中，人们又向真相接近了一步。

还在科考队刚刚组成时，有一位科学家评价考察三江源的意义时说，精确性是民族进步的一个标志。

在整个澜沧江源区的考察中，科考队共测量了七个源头，它们的地理位置的精确程度达到了厘米级，而这将是未来澜沧江源头科学研究的基础。

这七个源头正好像手掌的纹路一样。一些零零碎碎的小支流虽然都很细小，甚至没有水，但是在手掌心的这个地方水都汇到一块儿了，就形成水流了。所以，吉富山可以作为澜沧江的源头。

进行仪器观测的科考队员

山下的科考队员

沱沱河

挺进长江源头

长江源头的争论

在即将撤离澜沧江源区的清晨，一场大雪赶来欢送科考队。可是，大雪的欢送并未给大家带来好心情，科考队员心中沉甸甸的。虽然圆满完成了对黄河源头和澜沧江源头的探寻与测量，按照计划只剩下最后一条大江——长江源头的测定工作了。然而大家明白，后面的困难可能超过前面的总和。

首先，由于条件恶劣，又连续作战，队员们的体力已经透支到极限。其次，黄河和澜沧江源头的不同支流不过是小河小溪，争论再大，也相去不远。长江源头争论的焦点却是两条大河：沱沱河与当曲。它们南辕北辙，两大源头相距近1000 千米。此外，考察的周期已经超出了原计划，一个月出头的时间显然不够了。越往后拖，下雪的概率越大，万一完不成任务，岂不前功尽弃。

好在长江源头的当曲离澜沧江源区并不远，都在玉树藏族自治州范围内，要前往也只能从杂多县城出发。

中国第一大河长江源远流长，全长约 6300 千米，仅次于尼罗河、亚马孙河，其长度居世界第三位。但是，如果比较源头流域的广阔和地质地貌多样性的话，长江大概是世界上绝无仅有的。

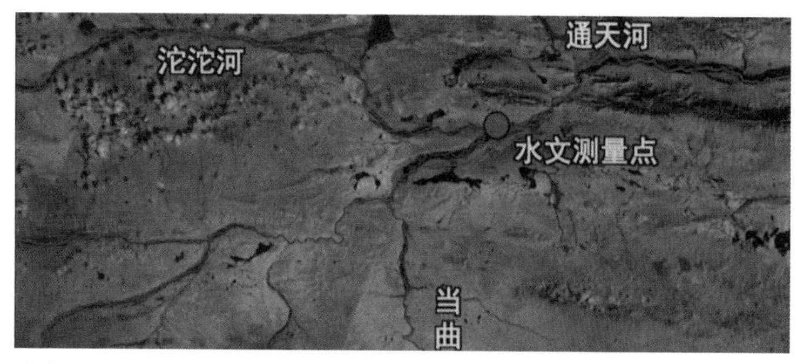

沱沱河与当曲的地理位置

三江源科考队驰骋在长江源区内

沱沱河、当曲和楚玛尔河，谁才是源头

长江源区内，有伟岸的雪山、冰川，也有秀美的湿地和平静的湖泊。

千百年来，长江的源流就静悄悄地流淌在这些虽然美丽但却杂乱的风景中，让人们无法找到它的第一股水流。直到 20 世纪 70 年代，人们才初步判断，源头很有可能在三条比较大的源流上，它们是沱沱河、当曲和楚玛尔河。然而，这三条源流的发源地相距甚远，到底哪一个是正源？一直争论不休。

当曲位于三江源区的最南端，它违背了中国北高南低、西高东低的整体地形走势，从东南向西北方向流去。从卫星影像上看，当曲源区就像一棵平放在地上的大树，它的东南方是连绵起伏的唐古拉山，东北则是水量丰沛、景色秀丽的湿地。

当曲距离澜沧江源头区仅有百余千米。原本以为找到当曲的源头会比澜沧江简单，然而，由于道路难行，科考队整整走了两天才进入了当曲的源头区。根据科考队计划，要找到当曲上游的五个源头。而比寻找澜沧江源头更艰难的是，这里人烟更加稀少，难以找到足够科考队使用的马匹，队员们即将开始的当曲源头之行只能靠车轮和徒步了。

金沙江与三江源

2000 多年前，春秋时代的《尚书 · 禹贡》一书在讲述古代帝王大禹的功绩时，曾留下过“岷山导江”的字句。江，在古代专指长江，大意说长江发源于岷山。这个记载误导了人们将近 2000 年。

错误延续到明代，直到一位名叫徐霞客的人出现。徐霞客作为中国古代最著名的探险家之一，走遍大半个中国。通过实际探访，他认为金沙江才是长江的源流。在《溯江纪源》一书中，他说，言《禹贡》岷山导江，乃泛滥中国之始，非发源也。

历史的认识终于走上了正确的方向，沿金沙江溯源而上就是三江源。

然而，长江源又位于三江源的什么地方呢？在 20 世纪 30 年代中国人掌握的地理知识中，认为长江和黄河发源自同一座山脉（巴颜喀拉山），是一山出两江的姊妹河。

山区壮观景色

巴颜喀拉山路标

不能不承认时代变化的神速。如果说 80 年前三江源还是生命禁区，导致人们对长江源头的认识颇有些捕风捉影。那么今天，在各种条件都具备的情况下，还有什么理由去模糊、去含混本可以十分清楚的基本信息。探寻并确定长江源头，与其说是人类对大自然的考察，不如说是自然对人类的考验——我们能不能直面科学、直面现实？！

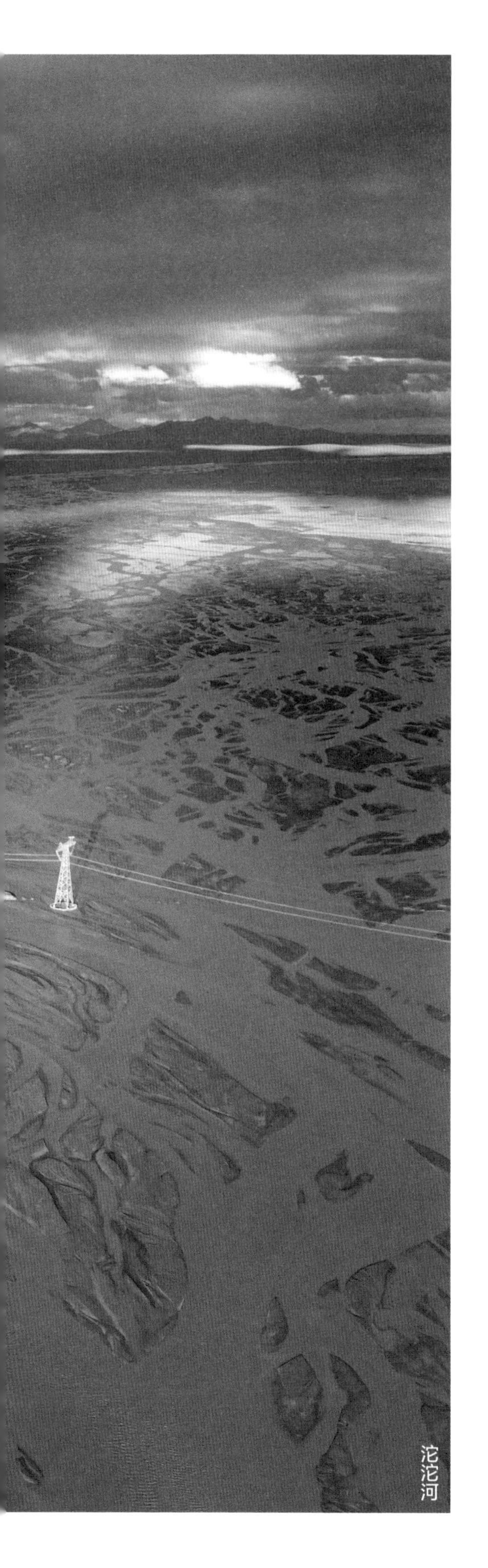
沱沱河

当曲向沱沱河发起的挑战

在三江源区奔波整整一个月，科考队探寻测量了黄河、澜沧江的主要源头点，终于抵达当曲河畔，开始长江源头区的考察工作。

当曲没有沱沱河的声望，没到过三江源的人甚至不知道长江上还有这样一条河。但是，很多年来，正是由于当曲向沱沱河发起了挑战，从而引发了延续至今的长江正源之争。

成绥台，退休前是长江水利委员会的宣传部部长。1975年，长江水利委员会的前身长江流域规划办公室策划出版一本长江画报，却找不到一张有关长江源头的照片。因为当时还没有人真正去过长江源头。

一年后的1976年，长江流域规划办公室终于下决心组织一支摄影科考队，历时数月，最终在各拉丹东雪山群中找到并拍摄了源头的照片。这个源头今天已经广为人知，它就是长江源流之一沱沱河的源头——姜根迪如冰川。

1978年1月13日，新华社发表了一则消息——经长江流域规划办公室组织查勘的结果表明，长江的源头不在巴颜喀拉山的南麓，而是在唐古拉山脉主峰各拉丹东雪山西南侧的沱沱河。长江全长不止5800千米而是6300千米，比美国密西西比河还要长，仅次于南美洲的亚马孙河和非洲的尼罗河。

三江源国家公园长江源头

这一地理知识后来被写进教科书，然而，却并没有被所有人奉为权威结论。什么是大河的源头？一条大河的源头该从哪里算起？如今专家们评价大河源一般采用五个标准：河源唯远，也就是距离入海口最远的；水量为大，也就是对河流补水最多的；此外还有流域面积、是否与主流方向一致以及历史情感等。但事实上，世界上没有哪条河流的源头完全符合上述五条。何况专家们又对五条标准各有侧重。然而无论如何选择，河长唯远是标准中唯一被普遍认同的。

长江上游当曲和沱沱河的源头之争，矛盾的焦点主要集中在长度，它们到底谁更长呢？

科考队此行最重要的任务，就是找到长江上游的各个源头，测量源头的地理坐标，再利用高分辨卫星影像，比较各个源头距离入海口的长度。科考队首席科学家刘少创对本次科考采用的河流长度测量技术颇有信心。

这次三江源考察用的这些数据，有的是 2.5 米分辨率的影像，有 1 ： 50000 的地形图数据。所以能得到的各个支流的长度，比起原来的信息肯定要可靠多了。

作为河源唯远这个标准的坚定支持者，刘少创也认为当曲的长度要长于沱沱河，唯一不同的是，他找到的距离长江入海口最远的源头是：当曲支流且曲的源头。

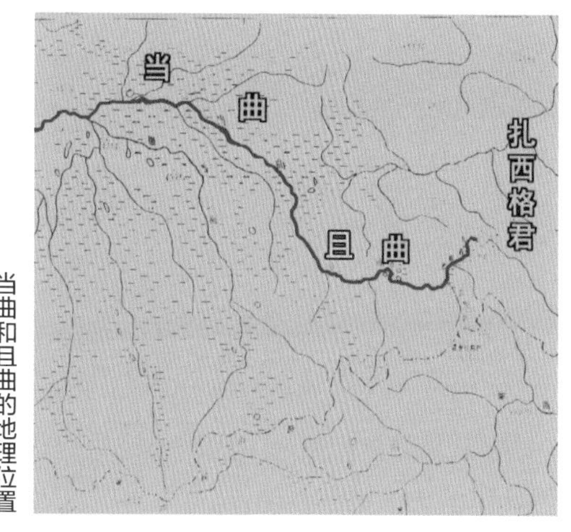

当曲和且曲的地理位置

大雪中的三江源

在三江源科考的队员

向当曲行进

由于当曲自然条件的恶劣程度比澜沧江源有过之无不及，科考队的且曲之行，在行进、陷车、再行进再陷车中艰难地前进。每次陷车都会耽搁大量时间。副队长徐亚明果断决定，精兵减员，大部队撤回营地，只派两辆车继续向源头冲击。然而，很快这两辆车也遇到了极大的麻烦，让 10 位冲击源头的队员彻底陷入了进退两难的境地。

涉水的汽车

汽车在水中挣扎

被陷的汽车不断在河中挣扎，天色已近黄昏。车身能否从河中挣扎出来，不但决定着能否获得且曲源头的准确数据，甚至还会影响整个科考计划的进程。

三江源之所以神秘莫测，从它的天气就能感受出来，一边下着大雪，一边又挥洒着阳光。它所蕴藏的危险是，10 月的三江源正在进入冬季，一旦大雪封路，科考队将到不了各拉丹东。没有了当曲源流且曲源头的数据，再到不了为人熟知的沱沱河，本次科考无疑会留下难以弥补的缺憾。

幸运的是，车辆最终被拖了出来。但是，后面的考察也只有依靠双脚了。在海拔 4000 多米的高原，队员们平均每天步行 10 多千米。第一次进入当曲腹地的摄制组也共同体验了这种痛并快乐的感觉。

冰川算不算河流

然而，这个源头真的离长江入海口最远吗？事实上，在当曲和沱沱河的长度对比中，两者之间差距并不大，仅有数千米。而且在学术界还存在一个颇有争议的问题：沱沱河源头有一个姜根迪如冰川，冰川是否应该计入河长呢？

冰川究竟算不算河长？今天人们还各执一词。不过，一个令人惊讶的事实是，早在姜根迪如冰川的长江正源地位受到挑战之前，长江水利委员会就已经发现，当曲的长度很可能要超过沱沱河，当曲长了 1.8 千米。

既然长度接近，就测水量。科考队长距离转场，从当曲源头

三江源自然保护区冬季风光

水文考察

赶往它与沱沱河的交汇处：囊极巴陇。在这里，当它们融汇成一体之后，当曲和沱沱河都完成了自己的使命，连名字也同时消融了，变成了通天河，也就是长江的上游。

水文也是一项重要的考察项目。肉眼就能看出沱沱河水势较小，水流平缓，所以科考队首先顺利地测完了沱沱河。当大家转测当曲时，却遇到了极大的麻烦。没有人会想到，当曲会有如此丰沛的水量。队员们只好用简单的垂绳测深方法冒险进行了水深的估算，而流速则用了最原始的漂浮法。两河的水流量比较，事实上不用测量已经一目了然。何况这只是测了当曲的一条河道。

雪山

雪地中的科考队

各拉丹东雪山

实测沱沱河发源处各拉丹东雪山

对当曲的考察、测量告一段落，但如果不到沱沱河发源处各拉丹东雪山进行最新的实测，仅凭前人测量的数据，就可能存在偏差，使最终的结果缺少说服力。因此，尽管大家已经筋疲力尽，尽管各拉丹东雪山早已不再神秘，但科考队仍然要咬紧牙关，前往各拉丹东雪山。那里，才是这次三江源科考真正的最后一站。队员们迫切盼望着到那里——姜根迪如冰川，还有长江第一滴水珠滴下的地方，只有在那里才有可能得到最终的答案。

风雪已经在各拉丹东雪山肆虐。艰难跋涉了一天，科考队终于到了各拉丹东雪山群的脚下，根据方向和地形图判断，只要明天翻过这座雪山，大家就可以见到姜根迪如冰川。

在一户牧民家旁边，科考队扎下了营地。为了庆祝即将到来的胜利，科考队长唐千里忙着给大家做了丰盛的晚餐。当然，在无人区，丰盛的晚餐也不过是只有用汽油喷灯和高压锅才能煮熟的热汤面，这里海拔 5300 多米。

第二天早上的阳光似乎预示着科考队这天会有着不错的运气。云雾缭绕的雪山在阳光的照耀下，壮丽而神秘。很多队员情不自禁拍摄起来。没有人料到，这些雪山会是科考队无法翻越的阻碍。

这天，科考队的车队刚刚出发后不久，便停了下来。两辆越野车前去探路，直到中午才折返回来。

由于大雪将山上的小路封盖，科考队继续前行已经没有可能。这天的撤离很及时，没走多久，大雪就下了下来。在青藏高原，在荒无人烟的无人区，一旦大雪封山，科考队就将身陷绝地。各拉丹东雪山，难道真的要拒绝科考队的到访吗？

各拉丹东雪山群海拔 5800 多米，在三江源区各条大小河流的源头中，沱沱河源头的海拔是最高的，空气也是最寒冷的。据说，各拉丹东雪山还是探险者的胜地，但是，到达过那里的人却为数不多。

在天气好转后的一个清晨，科考队重新向各拉丹东雪山挺进。然而，刚刚进入无人区，科考队里重量最重的六轮牵引车就给大家带来了麻烦，牵引车陷入了流沙里。

在三江源区，流沙河是最危险的，哪怕只是一条小河，水流冲沙也会很快将车轮深深地陷到河中，而车上装的是科考队全部的给养。

各拉丹东冰川

各拉丹东山峰

科考队的营地

为了尽快减轻车辆的载重，所有科考队员都忙碌起来卸车。而后，四台越野车挂到了牵引车的身后。

四台越野车同时发力，牵引车得救了。这真是一个令人庆幸的结局。

翻过了雀莫山，走过了雀莫错，科考队又一次靠近了各拉丹东雪山。雪原，雪山，还有一条冰河，科考队身处零下25摄氏度的各拉丹东，犹如回到了冰河世纪。各拉丹东是唐古拉山最高峰，在藏语中意味着高高尖尖的山峰，不远处的山口就是沱沱河流出的地方，沿着那里进去，便可以到达雪山深处的姜根迪如冰川。

1976 年，成绶台、石铭鼎参加的科考队也是从这个终年积雪的河谷进入各拉丹东雪山群的。那时，他们的汽车开不到这里，而且当时的中国还没有这一区域的地图，他们骑着马涉险挺进，找到了这条美丽的冰川。正是由于他们的发现，中国第一大河长江的源头才开始显露在人们眼前。

今天的姜根迪如冰川依旧雄壮，在世界最长的十条大河中，有如此壮丽源头的长江是唯一的一个。在姜根迪如冰川滴下第一滴水的地方，科考队测量出的地理坐标数据已经精确到厘米级，在这里留下的地理标志将是未来研究冰川融解变化的重要依据。

而据说，在世界各条大河中，长江以姜根迪如冰川为源头，海拔之高也是少有的。焦纯吉在科考队里主要负责测绘与重力测量任务，这项任务是他的本职，因为他是来自青岛的测绘工作者，而青岛是中国海平面的基点，也就是从零开始算起的地方，直接关系海拔高度的计算。

从当曲源区的壮丽到姜根迪如冰川的雄伟，无论长江正源之争有着怎样的结局，长江依旧是有着世界最美丽源区的大河。

在各拉丹东雪山，三江源头科学考察队正式结束了全部考察工作。在整整 40 天的考察中，科考队足迹踏遍三江源，行程 7000 千米，总计探访测量水文断面 9 处，测量了源头 19 个，第一次测量了部分源头点的重力，第一次留下了气象数据、测量了地温，成为第一支在短时间内走遍三条大河源头的科考队。为国家确定三条大河的源头提供了第一手的真实数据。从此，三江源不再是一个模糊的概念和笼统的称呼。它以自己精确的尺码登录进中国乃至全世界的自然档案中。

科考队员

国家地理标志

壮丽的冰川

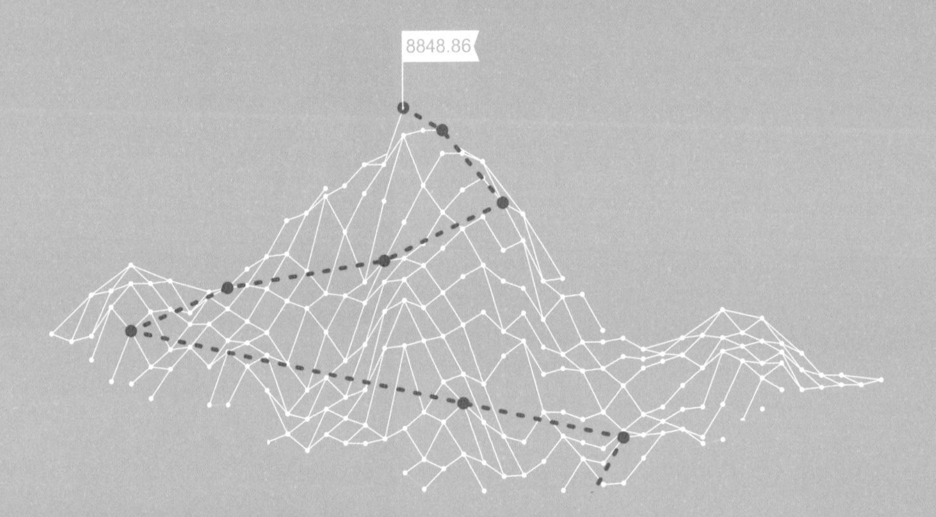
8848.86

第三章

探秘 可可西里

是什么让他们如此痴迷这片土地？
是什么支撑他们度过 40 天的严寒与寂寞？
千里无人区，怎样保持与外界的联系？
那里是人类的禁区，还是生命的天堂？
下面将带你探寻深藏在无人区里的秘密。

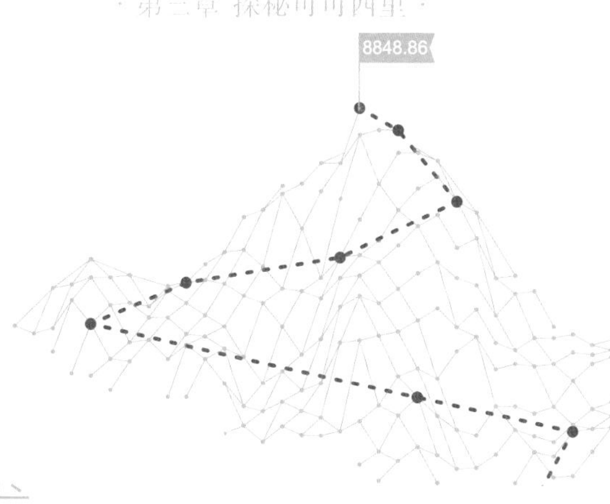

藏羚羊

向可可西里进发

人类生命的禁区

可可西里，一个充满诱惑的名字，近十年来，它激动着多少人的心扉。在人们的心目中，精灵般的藏羚羊是它的代名词。那些为保卫这些高原精灵而流血献身的勇士们，他们的形象深深地印在了全国人民的心中。

在故事片《可可西里》中有这样一个片段：

巡山队员在与盗猎分子的搏斗中倒下了，殷红的鲜血染红了这里的土地。在与盗猎分子的追逐中，年轻的巡山队员陷入流沙，永远的与这里的土地融为一体。这些故事片中描绘的可可西里的美丽与凶险，科考队员们是否会遇到？这是一次浪漫之旅，还是一次惊险之途？

故事片《可可西里》片段

在中国版图的西南部有一块深褐色的地方，这里就是平均海拔在 4000 米以上的青藏高原。

从地理坐标上看，可可西里位于青藏高原的腹地，夹在唐古拉山和昆仑山之间。东西长约 400 千米，南北宽约 280 千米，地域面积约 8 万平方千米，是世界第三大、中国境内最大的一片无人区，是最后一块保留着原始状态的自然之地。

“可可西里”是蒙古文地名的音译，意思是青色的山梁，这里还被当地人誉为“美丽的少女”。也有传说，这里是几千年前

可可西里

青藏地区格萨尔王给他的爱妃封赏的领地。

美丽的少女也好，爱妃的领地也好，也许正是由于人类几乎没有涉足这里，才会有这些浪漫而又神秘的想象。

可可西里被称为“人类生命的禁区”，这里平均海拔高度在5300米左右，气候寒冷，常年大风，最低温度可达零下40多摄氏度。由于海拔太高，空气稀薄，空气中的氧气只有低海拔地区的一半，水的沸点只有60多摄氏度。

一支充满能量的科考队

早在 20 世纪 90 年代，中国科学家就对可可西里地区进行了首次科学考察，然而，由于当地自然条件恶劣，在此之前，没有一支科考队成功实现横穿可可西里的愿望。

这一次，以中国科学院知识创新工程的支持为契机，中科院青藏高原研究所等单位又一次组织开展了可可西里科学考察探秘行动，实现对可可西里腹地的深入考察。这一次，社会各界也显示了对科学活动的热情和支持。

中国联通派出了两辆经过调试和改装的通信车，将跟随科考队一起进入可可西里，为科考行动担负通信保障任务；中国石化两辆满载着 50 吨油料的油罐车也将随队提供油料保障。

此外，还有来自全国不同行业的志愿者，加入探索可可西里的后勤保障队伍，摄影爱好者高琦作为这次科考行动后勤保障的负责人。

20 世纪 90 年代，中国科学家对可可西里首次科学考察

可可西里国家级自然保护区

本次科考队的首席科学家是丁林，他 1964 年生于安徽，中科院青藏高原研究所研究员。自 1988 年以来，他一直从事滇川西部、青藏高原的研究。2005 年，他就作为科考队队长、首席科学家，率领科考队由南向北横穿了可可西里地区。

科考同行的还有动物学家苏建平，他来自中科院西北高原生物研究所，他曾多次进入可可西里地区，一直想搞清楚藏羚羊分布的季节性变化，以及为什么它们会大规模迁徙。

从事地质研究的丁林在此次科考出发前表示，青藏高原核心

神秘的可可西里

地区发育着一个 2500 千米长、相对高差 1000 米、宽度约 100 千米的亚洲大陆分水岭，他把这条山脉称为中央山脉。中央山脉以北为太平洋水系，中国的长江、黄河就是流入太平洋的，以南为印度洋水系，怒江、雅鲁藏布江流入印度洋，是目前青藏高原上的重要气候分界线。丁林说，如果青藏高原是世界的屋脊，那么青藏高原的中央山脉则是它的“脊柱”。这条重要的气候分界线，穿越了可可西里核心地带。

车队向可可西里进发

从109国道2942千米处一个不很明显的地方下路西行，科考队的车队就正式进入了青藏高原腹地的可可西里地区。这里的海拔已经是4800米，皑皑雪山在蓝天映衬下格外耀眼。车队在无垠的荒原上颠簸前行，就像千里瀚海上时隐时现的小船。

科考队今天的目的地是库赛湖，从导航上看，这里离库赛湖很远。下午5点钟是全天最热的时间，这个时候所有的路面都开化了，非常软。按照目前行进的速度，恐怕还要2个小时才能到达。但2个小时以后，天已经黑了，这天下午7点钟日落。

离开公路不到30千米，15号车就陷了进去。经过一个多小时的折腾，才被拖了出来。

太阳快要下山了，科考队离计划的营地还有60多千米，好在后面的路还不算太糟，队员们都希望争取能在日落前赶到营地。

车队向可可西里进发

在和政县博物馆，队员们看到了许多古动物化石，它们是几百万年前生活在这一地区的犀牛、铲齿象、古羚、长颈鹿。

几百万年前的青藏地区，并不是现在的高原，而是像现在的非洲草原，海拔可能也就几百米，气候炎热，林草茂密。

丁林说，在青藏高原没有隆起之前，这些大型动物都生活在青藏高原及其周围地区。现在这些动物已经都灭绝了，我们只有在这个博物馆里才能看见它们。

科学家认为，大约在距今 800 万年前，印度板块和欧亚板块飘移碰撞，结果把青藏地区撬了起来，800 万年来这里逐渐隆升成今天的模样，至今青藏高原还在长高。而丁林他们的课题之一，是可可西里地区在这个隆升过程中，又是怎样变化的呢?

太阳下山了，气温下降得很快。虽然穿着专业的户外保暖衣服，身体仍然感到寒冷。沉沉暮色中，科考队的车队还在茫茫荒原

青藏茫茫荒原

上匆匆赶路，但是很快又传来了让人揪心的消息：装载着所有炊事装备和粮食蔬菜的 15 号车又陷住了，满载汽油的油罐车也陷住了。

空气中弥漫着离合器片的煳味，六驱车的牵引钩也被拉断了，队伍里有人开始出现高原反应的症状。

两个小时过去了，高琦和丁林商量决定停止救援，留下 5 个人在车里过夜，其他人赶往 30 千米外的库赛湖寻找临时宿营地。

此时已是 2006 年 10 月 18 日晚上 10 点。

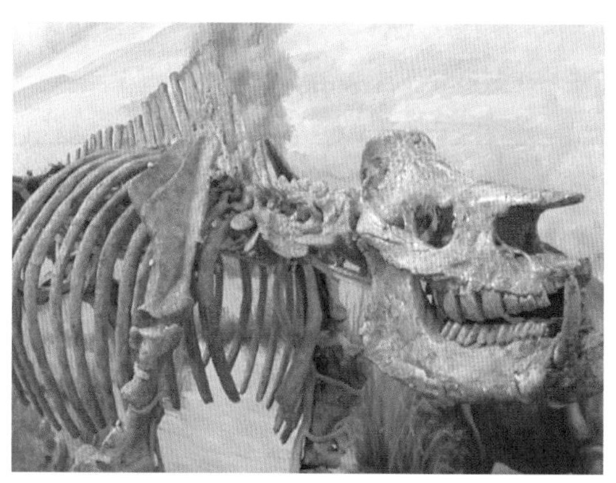

和政县博物馆的古生物化石

藏野驴

卓乃湖畔

库赛湖两岸新发现

10月20日是科考队在库赛湖扎营的第二天，也是科考队进入可可西里展开正式考察的第一天，考察队沿库赛湖南岸和北岸两路进行。

南岸考察分队由构造地质学家郭震宇、古生物学家李建国带领，他们的课题是要对这里的地层剖面进行系统测量和采样，用于了解可可西里高原的隆升和地质构造格局及其演化历史。

郭震宇找到一处玄武岩堆，发现它们很“新鲜”，没有被水和空气氧化，里面保存了很多地质信息，他决定采集系统的五块样品，拿去做进一步的地质研究。

在库赛湖北岸的考察分队，主要考察这一带的湖泊与长江古道的关系。他们看到了一群群的藏野驴和藏羚羊。研究动物的苏建平非常兴奋，在这个季节，在离卓乃湖100千米的库赛湖边看到这些藏羚羊，使他对藏羚羊的迁徙有了一些新的看法。

地质学家郭震宇找到“新鲜”的玄武岩堆

发现昆仑山口西部大地震遗迹

科考队首席科学家、研究地质的丁林教授这天也有很大收获，他在昆仑山南面的山坡上发现了2001年昆仑山口西部大地震的遗迹。

2001年11月14日，青藏铁路刚刚开始修建，当天17点26分，在靠近昆仑山口西部的路段，大地突然剧烈地颤抖，刚刚铺好的铁轨被平移出好几米，铁路职工的帐篷也被撕裂，青海省地震局监测到了这次地震，震级强度达到8.1级，比当年的唐山大地震规模要大得多。

据丁林介绍，2001年昆仑山口西部发生的这次地震，是近50年来中国大陆内部震级最大的一次地震。地震所形成的各种地表破裂现象世界罕见，是保存最完整、最壮观、最新的地震遗址，丁林他们在这里采集了许多样本，要带回实验室进一步比较研究。

库赛湖在可可西里保护区里，是离青藏公路和铁路最近的一个湖，只有80 多千米。而卓乃湖，还有更远的太阳湖才是可可西里的核心地带。科考队在库赛湖只待了2天，21日早晨，队伍向卓乃湖迁移。

丁林教授在昆仑山地震遗址中采集岩石样本

昆仑山地震遗址

藏羚羊迁徙的秘密

外面的风雪已经刮了一夜。凌晨，越野车里的温度计显示在零下 18 摄氏度。今天是 10 月 22 日，早上丁林、苏建平他们分头带队外出考察，中午苏建平就回来了。

他带回一只残缺不全的藏羚羊尸骸，判断这是一只 4 岁到 5 岁的母羊，死亡时间最长可能是上一年，很可能是被天敌狼杀死的。苏建平决定取一小块皮子做样品，来做 DNA 分析。他同时带回的，还有一只出生不久的小藏羚羊羊羔骨骸，苏建平分析，它很可能刚生下来就被天敌杀死了。他说，这种现象在夏季的产羔地是很常见的。羊羔的损失率非常高，这是自然平衡的一种力量，

藏羚羊

调节着藏羚羊种群的数量。

卓乃湖是可可西里一个很神秘的区域，虽然时值冬季，大雪已经把地面涂成了银白色，卓乃湖的湖面依然没有封冻。

动物学家苏建平发现藏羚羊骸骨

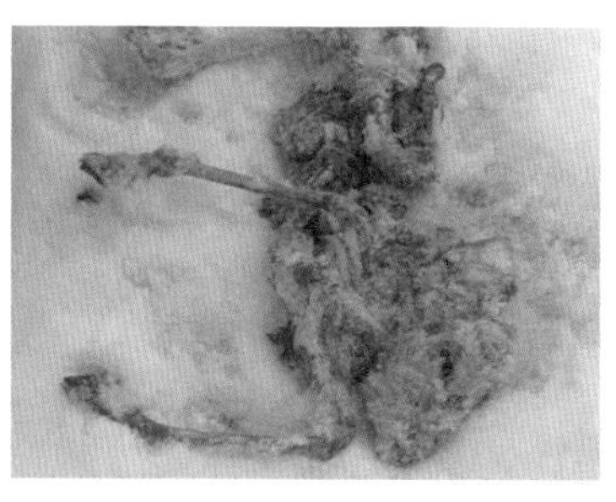
刚出生不久的小藏羚羊羊羔骨骸

藏羚羊在卓乃湖边越冬

可可西里巡山队的小赵说，每年六七月间，所有的母羊会从西藏的羌塘、新疆的阿尔金山、青海的三江源地区集中到这里产羔，多的时候有好几万只。

在动物的世界里，候鸟是根据气候的变化迁徙的。在青藏高原，羌塘、阿尔金山、三江源地区和卓乃湖的气候基本一致，各地的水草肥美程度也都差不多，为什么每年这些藏羚羊都要不辞辛苦地到卓乃湖产羔，甚至越过青藏公路、青藏铁路，从遥远的阿尔金山和羌塘聚集到这里？

卓乃湖，蕴藏着什么样的秘密呢？

有些科学家对此解释归咎于藏羚羊的基因，也有科考队员认为，会不会是这里没有人类居住，在母羊和刚出生的小羊还不能奔跑的期间，这里是它们最安全的地方？

苏建平多年从事西北高原野生动物的研究，他一直想搞清楚藏羚羊为什么会大规模迁徙。他认为现在人们用气候、水源及土壤等原因来解释，多为猜测。他希望通过这次可可西里腹地的深入考察，将这一问题进一步搞清楚。他想看看作为藏羚羊夏季产羔地的卓乃湖、太阳湖周边，冬季有没有藏羚羊分布，这涉及藏羚羊迁徙会走多远。在大部分人的印象里，迁徙都是一个长距离的活动。这次，在库赛湖周边发现有比较多的藏羚羊，包括母羊和公羊都在这里越冬，这段距离并不是很长，这个现象说明并不是所有的母藏羚羊都会有长距离的产羔迁徙。

卓乃湖发现新植物种类

除了考察动物的苏建平发现一些藏羚羊的尸骸以外，研究植物的卢学峰在卓乃湖的湖水入口处还发现了两个种的水草，这位来自中科院西北高原生物研究所的植物学家认为，这些水草是新发现的两种植物，就是篦齿眼子菜。

卢学峰说，眼子菜是一种在世界广泛分布的水生植物，它主要生活在淡水、咸水湖泊以及河流中。青海地区已查清的眼子菜种类共 11 种，其中可可西里地区仅记录过一种。这几天里他看到了两个新记录的种。

卢学峰认为，眼子菜种类与可可西里地区的湖泊水系变迁有

卓乃湖畔

在卓乃湖发现了篦齿眼子菜

一定的联系，但是它与本地区地质地理变化有什么本质联系，还要进一步研究。

高原的天气时阴时晴，阳光下，卓乃湖露出了湛蓝的湖水，岸边的小草在雪中顽强伸展着自己的身躯。

找到可可西里有人类生活的“铁证”

下午5点，去后山采集岩石样本的分队回来了，他们带回来的是一个意外的消息——发现了玛尼石堆。

据丁林教授介绍，这个玛尼石堆是在卓乃湖南边山上发现的，他们上午上山采集这里山体的岩石样本，无意中发现了这个玛尼石堆。

它高约1米、宽约2米、长有4米多，上面刻有六字真言。

玛尼石堆是藏民族祈祷菩萨保佑和祈求和平安详的地方，一般情况下藏民族在居住地都会有玛尼石堆。

除了看到这个玛尼石堆以外，丁林他们还捡到了其他东西——一个锥形器物，有人认为这就是藏族人吹火用的“星火器”。

此外，还发现一个腐蚀很严重的类似于刀鞘的金属器物，上面的纹饰还依稀可见。

虽然这些地质学家无法判断它们的文物价值，但它第一次以“铁证”证明，人类曾经生活在可可西里的核心地区，而且生活了不止一年。

藏区常见的玛尼石堆

腐蚀严重的金属器物

西藏常见的玛尼石堆

风雪中的可可西里

无人区传出的电波

在卓乃湖与世隔绝

刮了一夜的风，现在还下着雪，这里的雪渐渐变成了冰雹。离科考队营地 1 千米的卓乃湖在风雪的笼罩下，已经看不见了。今天是 10 月 28 日，科考队从库赛湖来到卓乃湖已经 7 天了。

和前些天一样，一大早丁林和苏建平就各自带领小组出去考察，其他人则在营地调整体力，整理这几天拍摄的素材。

本次科考行动，担当电视报道任务的，除了中央电视台的新闻记者，还有中国气象频道、新华社、中国国家地理等多家媒体。

西大滩营地海拔 4100 米，是本次科考的第一个野外营地，也是科考队进入可可西里腹地前的出发营地。

7 天前科考队从库赛湖进入卓乃湖，途中要通过许多河流，很多地方非常难走，大轴距的物资车和通信车很难通过，为了避免上次陷车的教训，科考队把联通的卫星通信车和 4 辆装油料粮食的大车留在了库赛湖营地。

与外界恢复通信

科考队已经进入可可西里腹地的卓乃湖，联通的通信车却在距离 100 千米以外的库赛湖，科考队已经和外界失去联系几天了。要命的是这些天来，科学家在卓乃湖的考察有许多新的发现，新闻记者的电视图像没法传回去，科考队几乎与世隔绝。

在等待通信车的这几天里，每个人的脸上都写满了寂寞，大家从来没有觉得每一分每一秒都如此漫长。大家靠讲故事、聊天排解寂寞，打发时间。

风停了，雪住了，阴沉的天空露出了一轮圆月。

一个意外的消息，让所有的人都兴奋了起来。

通信设备突然有了信号！通信车要上来了！丁林招呼所有的队员戴着头灯，在营地的高坡上，为即将到来的车队指示方向。每个人都抑制不住的兴奋，欢呼雀跃着。

终于，大家可以打电话了。

今晚，将是一个不眠之夜。

傍晚的可可西里

马兰山下

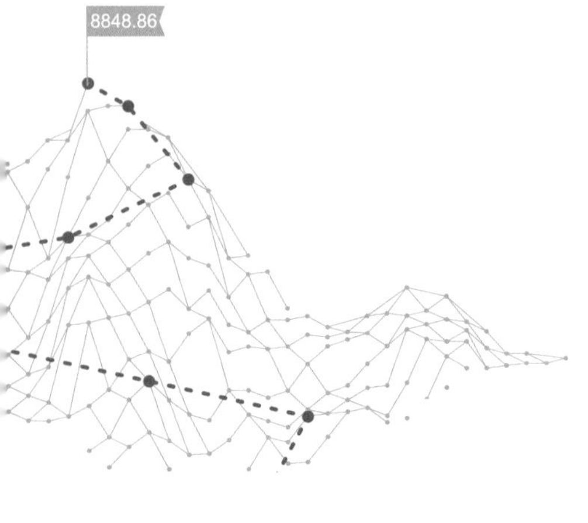

行车艰难，通信车退回卓乃湖

初冬的可可西里，处处都透着寒冷。

月亮还高高地挂在天上，朝霞就把周围的雪山染成了红色。营地后面的雪山是马兰山，那里的冰川是可可西里最大的冰川。虽然阳光已经洒在营地的帐篷上，但是，从冰川上吹来的风，冷得刺骨。

8 天前，科考队从卓乃湖启程向可可西里湖、太阳湖和布克达坂峰一带迁移。从卓乃湖到布克达坂峰，地图上标记的距离大

纯洁的马兰山

约为 200 千米，高原上天寒地冻，车队在荒原和河谷中穿行也非常艰难。

途经可可西里湖，车队基本上是贴着湖岸行进的，这里的地表基本上是沙土，很松软，车轮在上面直打滑。后面的道路更不好走，这里没有路，只能在山岗和谷地间寻找可能通过的位置。有时候要顺着沟里的冰河向上挪移，有时候要越过积雪的山梁。

马兰山冰川上冲击下来的乱石滩有好几千米宽，碎石大的有磨盘大小，小的也足以划破轮胎，这里大车根本无法通过。联通的通信车在跟随大队前进了 70 千米后，不得不停下来，退回到卓乃湖。

马兰山冰川新发现

10月30日傍晚，科考队到达布克达坂峰下，在那里停留了3天。11月3日又迁移到马兰山南坡这个营地。

自从科考队在这里扎营以来，周围就有几只狼一直在远处窥视着他们。有人试图想赶走这些狼，可是当人前进，狼就后退，当人回来，狼就又靠近。是人们侵犯了狼的领地，还是狼把人们当成了猎物?

每天中午科考队都要派好几个人一起去取水。这个地方没有长流水，队员们找到的只是午后的冰川融水和冰河里的冰块，早晨肯定不会有可以取用的水源。

可可西里的狼

马兰山南坡营地是丁林选择的一个中心营地，以这里为基地，可以外出考察月亮湖、涟湖、饮马湖、勒斜武旦湖、可可西里湖和马兰山冰川。但是科考队来到这里的只有 9 辆越野车和 1 辆六驱卡车，并且只带了不到 10 桶汽油，因此在最近几天的考察中，尽量少去人，少出车。

这一天也不例外，早上科学家分头出去考察，随队医生吴松笛和可乐跟随丁林去可可西里湖，高琦和一位队员则跟着去马兰山冰川。丁林和苏建平约定好，下午 5 点回到这里会合，不见不散。

取冰河融化的水饮用

冰臼

马兰山冰川是一个巨大的冰帽冰川，当科考队如此近距离看到它的时候，巨大的冰盖确实使人震撼。来这里采样的科学家要对这里冰川的宽度和冰舌的位置测量，对照多年前科考时的资料，分析这个区域这些年来的降水和气温的变化。

在冰帽的旁边，有一个冰川冲刷出的河谷。这些高高堆积的土石，冰川术语分别叫侧碛垄和终碛垄，是冰川运动堆积起来的。

沿着侧碛垄一直走到冰川的侧面，一路上看到几条侧碛垄被过去的冰川融水切割开，形成新的冰川河流的位置。许多石块上有明显的冰川运动留下的擦痕，还可以看到冰臼。

冰臼是指第四纪冰川后期，冰川融化过程中携带冰碎屑、岩屑物质，沿冰川裂隙自上向下以滴水穿石的方式，对下覆基岩进行强烈冲击和研磨，形成的石坑。看上去很像中国古代用于舂米的石臼，因而得名。

侧碛垄的左边，有两条巨大的冰盖。走近冰盖，可以听到冰在融化时发出的碎裂声，冰盖的下面有些冰洞。

在冰川的正面，队员们发现了一个冰川溶洞，钻进溶洞里面，头顶上都是厚达十几米、几十米的冰，大量的冰碛，不知其深，只能听到流水声。从洞里往洞外看，真的像在仙境一样。

冰川溶洞

冰川融化的冰水

夜晚的可可西里

倾巢出动寻走失队友

下午 4 点，部分队员安全地回到了营地。到了 5 点多钟，高琦接到电台呼叫，丁林队伍里的两位队员走丢了。

高琦呼叫所有的车发动起来，要求所有的对讲机都保持通信联络，营地人员几乎倾巢出动。

联想到这些天来营地周围的狼，大家的心里非常紧张。千万不能出事！

时间一秒一秒地过去，天色越来越暗，队员们焦急地等待着救援的消息，盼望着远方出现他们的身影。

2 个小时过去了，还是没有任何消息。营地里的人越来越紧张，心都被揪了起来。天马上就要黑了，天边的云越积越厚，随时会有暴风雪。湖边的丁林更是着急，如果天黑之前找不到他们的话，后果将不堪设想。

终于，传来了好消息。

可可西里巡山队的布局长和格来登在山顶发现了他们。

据后来其中一位队员回忆，他是上午 11 点和大队分开的，一个人上到了山上拍照片，他被周围的景色迷住了。下午 1 点他往回走，可当时他已经辨不清方向了，一个人在山谷里走了 2 个小时，遇到了同样迷路的另一位队员。

两人在山里又乱走了两个多小时，天色越来越暗，周围没有可以回忆起方向的标记，他们几乎绝望了。

面对可能到来的死亡，其中一位队员甚至开玩笑说，已经用自己的名字给即将可能成为遇难点的地方命了名。

有惊无险，一颗颗悬着的心，终于放下了。

各拉丹东雪山在召唤

渴望瞻仰各拉丹东雪山的真容

“到了五道梁，哭爹又喊娘。”经常走青藏线的人都听说过这句话，说的是从格尔木出来，走到五道梁这个地方就开始出现高原反应，一般人都会受不了。可是对于科考队来说，来到这里好比回到了天堂。

五道梁，海拔 4600 米，是青藏公路上的一个小镇，11 月 9 日科考队到达这里，住在解放军的一个兵站。兵站的条件对这些在野外生活了将近一个月的人来说，仿佛到了天堂一般。每个人都对上下两排的铁架子床充满了热爱。

11 月 8 日科考队完成了第一阶段的考察，在茫茫雪原上连夜开行了 24 个小时，回到了 400 千米外的青藏公路。

考察各拉丹东雪山是本次可可西里科考的最后一个任务，科考队在这里休息了两天后，开始向各拉丹东雪山进发。

对于许多人来说，各拉丹东雪山并不陌生，它位于可可西里的东南部，是长江的发源地，也是丁林介绍的青藏高原中央山脉的重要山峰。

11 月 12 日，科考队由雁石坪进入各拉丹东雪山，从行进的道路来看，这里已经有很多人来过，一条土路蜿蜒伸向远方。

漂亮圣洁的各拉丹东雪山，多么想尽快看到你啊！

然而科考队的大车又陷住了。

作为这次科考队负责后勤保障的高琦，心里承受着很大的压力。几十天来，这些大轴距的物资车一路陷车不断，好在开车的藏族兄弟和担当后勤保障的志愿者们，都是一群能吃苦耐劳的人。

各拉丹东雪山，人们心中的圣地，什么时候才能亲眼瞻仰你的尊容呢?

青藏公路

安多县吉日乡虽然在青海省境内，但却由西藏代管，各拉丹东雪山就位于它的辖区。

从 11 月 13 日到 18 日，科考队在这里待了 6 天。在这里，科考队的营地不再是帐篷，这些房子是当地的一个乡长盖起来的，虽然房子还没有完全竣工，科考队住在这里已经倍感舒适了。从这里到各拉丹东雪山脚下 45 千米。天气好的时候，从这里是可以看到各拉丹东雪山的。

在各拉丹东雪山，科学家的考察是围绕冰川和雀莫错展开。

11 月 13 日，一大早，所有的人都早早地起来了，虽然经历了几十天的劳顿，大家已经疲惫不堪，但是今天的考察方向是各拉丹东冰川，大家依然非常兴奋。

离科考队营地不远处有一条河，当地藏语叫作尕尔曲，汉语是通天河。

虽然有个向导，但是却找不到车辆过河的位置。向导只是山下一个来过这里放牧的人，牛羊能过河的地方，车辆不一定能过。

从上午一直折腾到下午 5 点的时候，科考队接近了各拉丹东雪山，然而整个各拉丹东雪山却笼罩在一片乌云之中。天上飘起了雪花，队员们的前方还有一片乱石滩，车辆无法通过。无奈，天色已晚，只好返回。11 月 14 日，出去寻找雀莫错的队伍同样无功而返。

美丽的各拉丹东雪山

走进神圣的各拉丹东雪山

11月15日，科考队再次探访各拉丹东雪山。这天，天空格外的晴朗，仿佛老天被他们的执着所感动。下午1点，科考队到达了各拉丹东雪山脚下，当他们爬过一个小山岗后，圣洁的各拉丹东雪山终于展现在眼前。

大家喜欢各拉丹东雪山，他们经历的大部分雪山都是雄浑的圆形山顶，各拉丹东雪山不是这样，陡峭的山顶，更加凸显出它的神圣。

关于各拉丹东雪山的典故，科考队里没有人能回答，陪同的藏族向导说，“各拉”是传说中格萨尔王麾下的一员大将，“丹东”是他的封地，这是大家第一次听说有关各拉丹东的传说。

在各拉丹东冬雪山下，是一片冰塔林。这一片冰塔林是各拉丹冬雪山南坡冰川退缩后留下的遗迹，海拔在5400米。冰塔奇形怪状，有的像乌龟、有的像船，还有一个很像一只神犬伏在冰川脚下，守护着各拉丹东雪山。

各拉丹东冰塔林

可可西里的牦牛

很久以来，科考队就向往着能到各拉丹东雪山来，如今到了这里，给大家感触最深的却不是这里的冰塔，而是附近牧民的生活状况。

就在各拉丹东冰川脚下一两千米的地方，队员们看到了许多牛羊，附近居然还有一户牧民的石头房子，房子旁边停着一辆蓝色的东风卡车。

这家四口人，年迈的父亲带着两个儿子一个女儿，女儿已经 30 多岁，一直未嫁。他家有 80 多头牦牛，每年出山一次，卖了牛，买回一年的粮食。他告诉科考队员们这里有熊，经常吃他的牛羊，还到他家来，打烂门窗和汽车。

藏族司机说，现在棕熊很多，它们经常到这里搞破坏。

几天前，在通天河支流的拉龙河附近，科考队员们也曾看到一家牧民的房子，不过里面人走屋没空，留下很多的家具，屋里的墙上还留着一个很大的横幅。一支破旧的猎枪斜靠在墙边。

据向导说，这家人离开的原因也是附近的棕熊，棕熊经常下山到他们家里搜掠粮食，用钢筋做的窗户也被棕熊拉断了。

陪同科考队的布琼局长说，各拉丹东雪山几十年前也是无人区。现在这一带已经有 80 多户牧民。在这里，熊害和狼害已经是很久的事了，甚至出现了棕熊吃放牧小孩的事情。

棕熊

湖边的藏羚羊

海拔5000米的高寒地带，空气极度缺氧，在科考队看来，这里极不适合人类居住。然而这里的人们还在顽强地生活着，并且还有逐渐扩大的趋势。

雀莫错是各拉丹东地区一个很大的湖泊，当地人把湖叫“错”。11月16日，科考队再探雀莫错。在以往的地图上，雀莫错附近有一座山，叫雀莫山。这座山非常奇怪，尽管周围的其他山峰已经银装素裹，它却依然显现着红褐色，许多人都以为是一座火山。

今天的目的地是雀莫山山脚，主要目的是测地层剖面，并找到侏罗白垩纪的界线。侏罗白垩纪的界线是过去非常有争议和有研究价值的一个界线地层。

来到雀莫山下，觉得似曾相识，仔细一想，两天前考察队寻找雀莫错迷路时曾经到过这里，还在这里采过岩石样本，只是当时没有找到去往雀莫错的路，也不知道这座山就是雀莫山。

在雀莫湖畔，研究植物的科学家们采集了不少生长在湖边的植物。

研究动物的苏建平也很幸运，在雀莫湖附近看到了藏羚羊和藏原羚，更令他惊奇的是，这些藏羚羊已经雌雄合群，这在初冬的可可西里是罕见的。

再见，可可西里

今天是11月18日，科考队又启程了。

当东方的太阳把地平线染出一道红霞的时候，可可西里科学考察队，完成了预定考察计划。

早晨的阳光洒在每个人的脸上。今天就要下山了，有人开玩笑说，今天就要回到人间了。

40天的严寒与寂寞，大家一起走了过来。今天这支60人的科考队伍就要离开可可西里，离开各拉丹东，返回低海拔的格尔木了。

回望各拉丹东，回望四十天来跋涉过的这片土地，一幕幕一景景，心潮彭湃，油然升腾起一种敬仰。

对于把一生都献给科学事业的科考人员来说，这次可可西里的探险考察只是漫长事业中的一朵浪花，然而对于世界，他们为人类开启了一扇了解可可西里的窗户。

在人生的旅途上，40天可能只是短暂的一瞬，然而在可可西里经历的40天却会成为科考队员一生的财富。

再见，可可西里

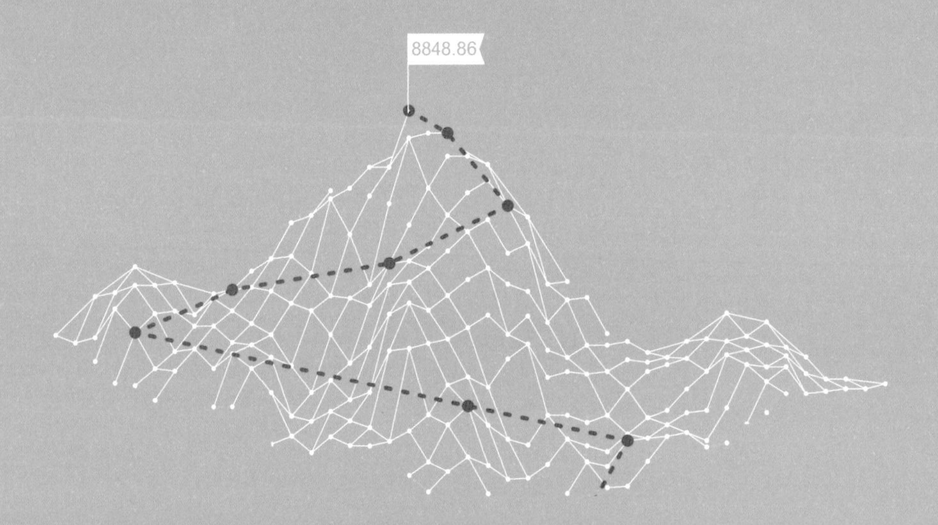
8848.86

第四章

穿越 喜马拉雅

岩层深处，

谁的手封存了两亿年的沧桑？

世界之巅，

谁的力量幻化出迥然不同的天地？

中国科学院精心打造的梦之队，

首次从北部高原穿越至南部谷底，

以期揭开喜马拉雅山脉南坡的神秘面纱。

清晨的布达拉宫

翻越天险——喜马拉雅从北到南

当清晨第一缕阳光照耀在布达拉宫，大昭寺的周围就挤满了虔诚的信徒。在这里，他们每一天的生活都是这样开始的。

这一天，拉萨迎来了一批不同寻常的客人。

科考队，在西藏地区并不少见，但这次的科考，却和以往都不一样。

喜马拉雅山脉——群山之王、世界屋脊上的屋脊，这个星球最神秘的地区之一。它巨大的山体纵横延绵，成为中国和西亚几个国家共同拥有的界山。

在过去的三十多年里，中国科学家在北坡进行了大量的科考，但是，由于种种原因，对南坡的科考却一直是个空白。

而喜马拉雅山脉的南坡，是悬挂在山脉上的一块翡翠。那里气候温润，雨林丛生，是中国科学家的梦想之地。

队员们来自中科院各地的研究所，虽身经百战，但大部分人从未到过南坡。专业虽然不同，但一点是相同的，那就是在未来近一个月的时间里，这支综合科考队，将穿过高原，越过湖泊，深入峡谷，完成一次上天入地的科考之旅。

横贯中国的 318 国道，东起上海，西至聂拉木。科考队在北坡国内的考察，大部分都要沿着这条道路行进。

喜马拉雅山脉刚才一直与科考队隔江相望，越过一座公路桥之后，几乎所有的路程都将紧贴着喜马拉雅山脉行驶。因此，科学家们都将这座公路桥作为喜马拉雅考察的起点。

科考队正式踏上了充满神秘色彩的天域之旅。从海拔 4000 多米的寒带高原到海拔几百米的亚热带河谷，只有一条曲折险峻的山路连接。等待科考队的将会是什么呢？

走进“西藏粮仓”——江孜

科考队在北坡进行为期一周的考察，然后进入尼泊尔。行进中的汽车突然被一位研究青藏几十年的老科考专家喊停了下来，这位科考专家好像发现了什么。

路边裸露着层层叠叠的岩石，像书页一样，这些岩石就是记录地球历史的一本书。

老专家介绍说，这是雅鲁藏布江缝合带的古特提斯洋底的深海沉积物，它里面有硅质岩，也有深海黏土。这种层叠的形态，正是大海中历年的沉积物层层累积而成。

在海拔 3000 多米的地方，为什么会有海洋沉积物？

亿万年前，这里还是古大洋中的一片浅海区。

辽阔的古特迪斯洋，是海洋动植物繁育的天堂。2.2 亿年前，印度板块向北漂移，撞向欧亚板块，斜插入欧亚大陆底部。两大板块的交叠挤压使得海底慢慢浮出，不断抬升。再后来，地球内部的活动加剧了这种变化，青藏高原横空出世，成就地球上最高大最雄伟的山系。

喜马拉雅山脉的隆起，彻底改变了周围的环境地貌。它高出西南方向的恒河、印度河平原 6000 多米，陡峭的山势挡住了来自西南的季风。从此，山的两边被隔绝成了两个极端的世界。

印度板块向北漂移，撞向欧亚板块

美丽的雅鲁藏布江

江孜宗山古堡

西南季风影响下的南坡究竟有什么不同？这正是还在喜马拉雅北坡各领域综合科考的队员们所要追寻的答案。

傍晚时分，一座古堡出现在眼前。科考队顺利到达江孜。这座城堡是藏族人民抵抗侵略者时，修建的一个防御工事。

令人奇怪的是，一路荒石裸露，寸草不生，而江孜却是另一番景象。

江孜自古就有“西藏粮仓”之称，雅鲁藏布江一个很重要的支流——沿楚河流经这里。沿楚河流域是西藏有名的产粮区，江孜更是重点产粮区，盛产青稞、冬小麦、土豆、大豆，还有油菜等作物。

这里海拔 4000 多米，如此高的海拔，为什么还能盛产粮食和蔬菜？

科考专家指出，在江孜西南边的亚东，山脉有一个缺口，西南季风从那里溢出，改变了这里的小环境。

头一天，科考队都紧贴着喜马拉雅山脉行进。现在，则要横穿山脉，进入南麓的亚东。路况也变得复杂多变起来，牧区也在清冷的早晨中醒来。

行程开始一路向上爬升。尽管已经适应了高原环境，队员们仍然觉得胸闷气紧。

如此微弱的影响就足以让江孜成为“西藏粮仓”，位于南坡的亚东又将是怎样的景象？

寻找藏民心中的神山圣湖——多庆错湖

科考队一路向南，翻越喜马拉雅的山脊，才能进入南麓的亚东。一路向上爬升，路况复杂而多变。科学家们一边对抗着高原反应，一边在寻找湖泊。在科学家的眼里，湖泊就像地球历史封存的一个档案袋，湖泊里的信息非常丰富，所有的植被，包括花、草，甚至孢粉、花粉、湖里的藻类都会沉到湖泊里，天长地久就形成了化石，这些都非常有研究价值。

喜马拉雅山脉是全球温室效应最敏感的区域之一，地图显示，这里

喜马拉雅山脉的植被

曾是一个湖泊，而科考队现在正是在古湖床上行驶。

在河床的碎石中，汽车小心翼翼向湖中心摸索着前进。

湖泊已经退缩的太远，而且深度也变浅了。这个情况在青藏高原，无论西藏还是青海，都比较普遍。

司机一直担心尖锐的石块会扎破轮胎，看来在西藏这样的地域，人必须要懂得向大自然妥协。

这次北坡科考路线上，分布的湖泊本来就很有限，如果今天还找不到能够采集样品的湖泊，接下来的行程，希望就更加渺茫。

在高原上行车，人很容易犯困。就在队员们半梦半醒的时候，忽然，一座雪山迎面而来。队员们不由得精神一振。

卓木拉雪山的出现，给科考人员带来了很大的惊喜。雪山上的融雪在山下形成了一个不大不小的湖泊，这里就是他们要找的湖——多庆错。

卓木拉雪山上的冰川终年不化，多庆错湖湖水也未被人类打扰。这里是帕里地区藏民们心中的神山圣湖。10 月的湖面更是野鸭们的天堂。

藏民心中的神山圣湖——卓木拉雪山和多庆错

大家继续上路，继续一路爬升。海拔变化得非常快，走不了几千米，GPS 就会显示海拔又上升了一两百米。稀薄的氧气在折磨着车里的人们。

此时，科考队已经翻越了4760米的堂拉山，向南就是亚东了。

原来，科考队正处在喜马拉雅山脉的山脊，经幡在传递藏民吉祥愿望的同时，也让队员们见到了风口的威力。接下来的路程，他们将一路向下。

探秘西藏“小香港”——亚东

过山口，海拔便像过山车一样陡然直下，40 千米的距离内，海拔跌落了 1500 多米。

处于喜马拉雅山脉南坡裂谷中的亚东，有着南坡气候特征。一路行来，满目荒寒，亚东将会怎样诠释西南季风这只无形之手？

随着汽车盘旋进入山谷，开始出现低矮的灌木丛、高耸的乔木林，亚东沟洋溢着一片欢腾的生命气息。这个被森林、溪水环抱的小城是本次考察的一个重点。

亚东因为位置特殊，气候适宜，它自古以来就是西藏与邻邦贸易往来的通道，由于边贸经济的繁荣，亚东一度成为西藏的“小香港”。

和西藏其他的城市相比，亚东气候湿润、生态多样、经济活跃。

到底是什么造就了亚东地区的地貌和气候特点？

答案就在乃堆拉山口，它也是西南风的入口。乃堆拉山口直接面对着印度洋的水汽，孟加拉湾的水汽从山口过来，冬天积雪量能达到房子这么厚。从这个裂口里，西南季风带来的湿润气息不仅惠及南坡亚东地区，就连江孜也受到了影响，看来这些南北向的裂谷是西藏个别地区物种丰富的原因。

西藏的“小香港”——亚东

318 ROUTE
此生必驾
5476KM
珠穆朗玛
@定日站
珠穆朗玛峰大本营
MT.QOMOLANGMA
BASE CAMP
海拔 5200 米
Altitude
m

珠穆朗玛峰大本营

挺进珠穆朗玛峰大本营

从拉孜到珠穆朗玛峰大本营，海拔从 4100 米又拔升到 5200 米。科考队员们感到自己的生存极限其实只是当地人民的生活基础线。10 月下旬，这里已经是冬季，与昨天的亚东相比，这里明显不适合人类居住。越来越接近珠穆朗玛峰，天气瞬息万变，路边翻倒的吉普车提醒着所有路过这里的司机——路途险恶。

绕过山口，传说中的珠穆朗玛峰呈现在眼前。远远地，珠穆朗玛峰矗立着，峰顶飘浮着一缕高峰特有的旗云。经过努力，考察队得以在登山期的淡季，直接开车进入保护区的核心——珠穆朗玛峰脚下的珠穆朗玛峰大本营。

风很大，队员们有些站不稳。峰顶很快被云雾笼罩，氧气就像随时要被风吸走一般。但是在这个看似寸草不生的地方，还有生命在顽强地生长着。

对于生存环境极其恶劣的珠穆朗玛峰，科学家希望更加接近和了解它：

在北坡的极端环境下，生存着什么样的植物？

南坡西南季风的吹拂，又会给植物带来怎样的影响？

喜马拉雅山南麓和北麓，究竟有着怎样惊人的地质秘密？

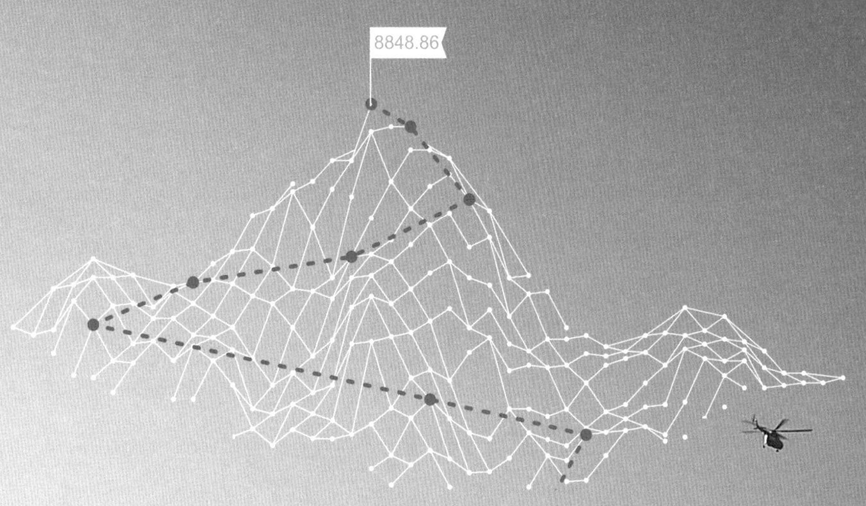

探秘喜马拉雅南麓：动植物的天堂

当科考队顺利抵达尼泊尔的首都加德满都后，这个海拔仅有157米的喜马拉雅南坡，即将慢慢揭开神秘的面纱。

喜马拉雅山，这个星球离太阳最近的地方。在南坡，太阳有着不同的面貌，他们虽属同一家族，一线之隔，却有天壤之别。

当印度洋海面升腾的湿气接近喜马拉雅山脉时，湿气被逼上升，形成雨云。这些雨云无法逾越高山，把水分都降到南坡。

尼泊尔有着喜马拉雅南坡最典型的地质环境特点，窄小、狭长的国家，海拔从8000多米到100多米，独特的地质条件成就了它丰富的生态资源和环境。

科考队决定对其最负盛名的两大国家公园展开科考活动。

尼泊尔

齐特旺公园的大象

走进人类最后的“伊甸园”——奇特旺

奇特旺，意思是丛林之心，传说，这里是人类最后的伊甸园。

这里有7种森林类型、6种草地类型、562种鸟类和600多种植物，这里是犀牛、大象、鳄鱼、老虎的重要栖息地。

在园区周围，散落着很多村子。人们可以联合起来共同承包一块林区进行管理，政府也会有所投入。这些林地被管理得井井有条，以前退化的森林也逐渐恢复。

设立保护区后，人们逐渐学会了与野生动物和谐相处。对于野兽，他们的经验是随身携带木棒。遇到老虎时，气势汹汹地敲打地面；如果遇到犀牛，就要爬树了。

齐特旺公园的独角犀牛

自制工具在湖泊取样

这里的水下生活着数不尽的鳄鱼。

科考专家用自己研制的取样工具，尝试从湖中取样带回国内的实验室。

管子上部被打开之后，靠自身重量压进水底的淤泥中，提上时金属球会自动落下，封闭管子上部，形成真空，富含各种信息的淤泥就会被完好地提取出来了。

样品要保证不受人为的污染。湖中的淤泥是自然的收集器，各种生物死后形成化石被密闭在泥中，科学家们能够根据动植物

奇特旺公园的水下生活着数不尽的鳄鱼

不同时期的变化，探测出地球古代和现代环境的变化。

地球上最长的草本植物——狼尾草

狼尾草

丰沛的雨水和喜马拉雅的骄阳使植物发挥了巨大的潜力。狼尾草是地球上最长的草本植物，它们甚至比大象还高，也只有大象能够在这里自由穿行。

像喜马拉雅山脉一样，事物的发展往往推向另一个极致，在这长草下面却生长着世界上体型最小的猪——侏儒猪，侏儒猪甚至可以站在人的手上。

奇特旺公园的独角犀牛

独角犀牛

奇达旺的心脏地带生活着最珍贵的活化石——独角犀牛。

人们想要靠近它，需要借助大象的帮助。除了安全问题的考虑，据说象的体味能盖过人的味道，这样在接近犀牛的时候，不容易被发现。

在六头大象组成的包围下，独角犀牛跑向开阔的草地。确认科考专家对它没有恶意之后，犀牛索性停了下来。

如果在地上，人是绝对不敢这样与犀牛嬉戏的。因为它们毕竟还是与家养的牛不同，每年这个地区都有几起犀牛顶死人的事件发生。

老虎

通常，大型动物都需要一个活动区域很大且多样的生存环境，既有森林也有草地和沼泽，确保它们能活动、饮水，而且它们各自要有自己的领地。

比如一头成年雄性老虎，它的领地其他任何老虎不能进入，只允许成年的雌性老虎进入它的领地。其他的老虎进来它就要攻击，甚至其他小老虎进来，都会被它杀死。

卡里 · 根德峡谷的科考揭秘

位于尼泊尔北部安纳普尔那保护区内的卡里 · 根德大峡谷，是世界最深的峡谷，它跨越高寒极地到亚热带，像一把利刃把喜马拉雅山脉切割成了两半。

世界上第一个登上珠穆朗玛峰的埃里克 · 希拉里爵士，为改善这里原住民与世隔绝的状况修建起来的飞机场，现在每天都有从天而降的探险者，一窥神奇的大峡谷。

1998 年，中国的地质学家在青海湖边调查时惊讶地发现：从 100 万年前开始，板块撞击的断层正在持续向相反的方向运动。随后的几年间，在青藏高原的其他地方，他也发现了类似的情况。

如果疑问成立，那么青藏高原今后的走向，将不会是很多人所认为的那样增高，而将会是下沉。这些发现都是在北坡，而这次卡里 · 根德大峡谷的科考或许会给出答案。

因为两边两座 8000 米以上的高山，狭窄的河谷里，西南风从多个山口吹入，到了高海拔区就成了凛冽干燥的寒风。

以往在电影里看到的古道、骡帮，竟在喜马拉雅山脉下不期而遇。

到目前为止，最大的发现是看到和河谷平行的断层，都是南北向的。这一系列断层组成了一个裂谷系，大峡谷的形成和裂谷系有密切关系。

裂谷系的地层比较薄弱，高低落差大，经过千万年卡里·根德河水的冲刷、侵蚀，形成了现在南北向的大峡谷。

这种地质构造与科考家心中的疑问究竟有没有关系？希望接下来的考察能揭开谜底。

卢卡拉机场是世界上最危险的高山机场，位于珠穆朗玛峰尼泊尔境内，海拔 2860 米

用骡队运输货物，在这里已经有五六百年的历史。这样的村庄在大峡谷里还有十几座，这里的人们世代与高山峡谷为伴，终老一生。

路面格外陡峭，一路有很多陡直的上下坡。这边的峡谷地貌和亚东相像，同样都是南北向的裂谷，在非常短的距离内，海拔跌落近千米，松动湿滑的山石路面让队员们吃尽苦头。

道路变得更加湿滑，队员们必须踏实走好每一步，避免危险，好在骡子把这些地面和石头踩得凹凸不平。

但所有的努力并没有白费，在大峡谷最深谷底的崖壁上，科考家发现了一个惊心动魄的地质变化：那就是十几万年前，属于第四纪的地层变化。

地球内部的运动已经改变方向，也就是说两大板块南北的挤压已经逐渐消失，相反，东西拉升的力量将不断增强，亚东和卡里根德南北向的裂谷都是地壳内部这种力的结果。如果这种力量持续，结果将直接导致青藏高原下沉，喜马拉雅山脉不再增高，或许还会垮塌。当然这或许是几百万年以后的事了。

这也印证了科学家们对于青藏高原未来的猜想。

徒步卡里·根德，为中国科考队在喜马拉雅的科考活动，画上了圆满的句号。

和喜马拉雅一样，这个星球上还有很多的地方，不仅承载着神秘的未知，更封存着自然的原始与人类的最初。

大峡谷

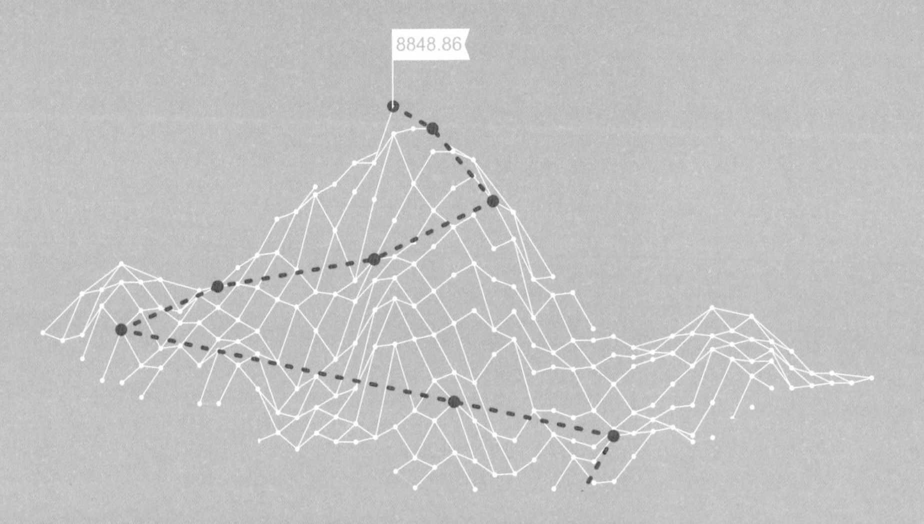
8848.86

重返“天堂”

第五章

跨越5年的拍摄，深入西藏原始森林深处，
5年里，西藏的森林植被有什么变化？
5年里，人们是否依旧？
两个小组，由南北两线，
全程跟拍国家林业局对西藏的森林资源考察，
关注5年前后的人文变化。
见证发现之旅，带你一同重返“天堂”。

藏民消灾祈福、祈求平安的经幡

第一科考队南线乘汽车进藏

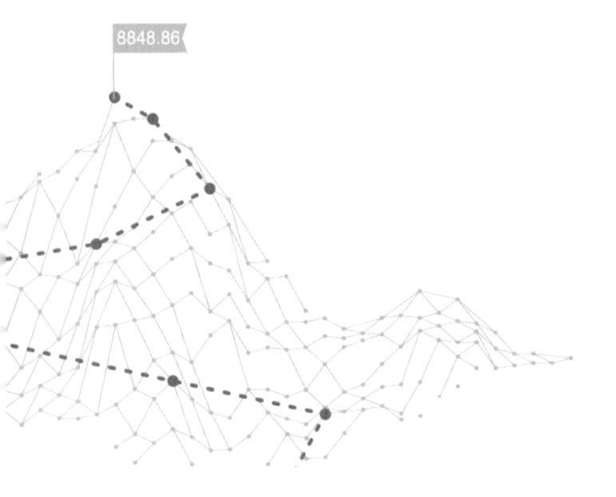

汽车改卡车，进藏路途困难重重

今天，第一科考队的行程是从成都至康定，为了直接感受质朴的藏民生活，他们选择了长途汽车。

从成都出发的川藏公路，是进入西藏最艰难的一条路线，但也是民风最纯朴的一条线路。选择这条路，科考队需要面对 5000 多米的高海拔带来的高原反应。

出成都不久，已经能看到车窗外的积雪，此时已经是 4 月底。

随着海拔的逐渐升高，科考队已经能见到藏区的房子，能看

到玛尼石和经幡，此时汽车抵达马尼干戈。

马尼干戈是山谷中狭长的一个县城，两天前在成都还是初夏的炎热，到了这里，居然赶上了小雪。

马尼干戈是藏语“转经之地”的意思，在古代，马尼干戈是一个驿站，也是茶马古道的必经之路。

五分钟后，小雪停了，太阳出来，水汽蒸发，把玛尼干戈营造得像仙境一般。

离开玛尼干戈，科考队需要面对的是青藏高原的第一个屏障——雀儿山。由于道路陡峭狭窄，过往车辆每天按时间段实行单一通行。上午出高原车辆放行，下午进高原的车辆放行。

雀儿山

川藏公路以四川的成都为起点，终点是西藏首府拉萨，是中国目前最长的一条公路。从20世纪50年代修成到今天，川藏公路是世界上海拔最高、最险峻崎岖，风景也最为优美的公路之一。当年，中国人民解放军第十八军的官兵，为了打通世界屋脊，将公路修到拉萨，他们仅用简陋的工具，在极端艰苦的条件下，创造了人类公路史上的奇迹。在这条路上，他们付出了平均每千米牺牲一人的巨大代价。

几十年来，国家又陆续花费了大量人力物力来改善这条公路的条件。但在雀儿山，由于山势险峻，自然条件差，公路的等级仍然很低，只能极力维持通过能力。

山上仍然下着雪，山上的全部积雪要等到六七月才能全部融化。翻过雀儿山，天气好转，路面没有了积雪。此时，客车司机接到最新消息，由于天气多变，进入西藏的客车只能抵达四川德格县。没有公共交通工具，第一科考队如何进入西藏，这是摆在他们面前最现实的难题。

因为高原上的大雪还没有完全解冻，这期间也没有直达班车，第一组科考队员不得不改换卡车。

在川藏公路上行车不是一件轻松的事，路边的一辆车已经在此抛锚一星期，仍然在等待前来救援的车辆。

科考队员搭乘的是一辆运送牛肉的货车，牛肉用厚厚的棉被盖着，司机和货主必须在四天之内把牛肉运到西藏昌都，否则一车牛肉都会变质。

车还是出了一点小毛病，司机坚持带"病"行驶，在不远处，他们遇到了同病相怜的一辆货车，尝试把它拉出来，但失败了。

他们只能继续前进。

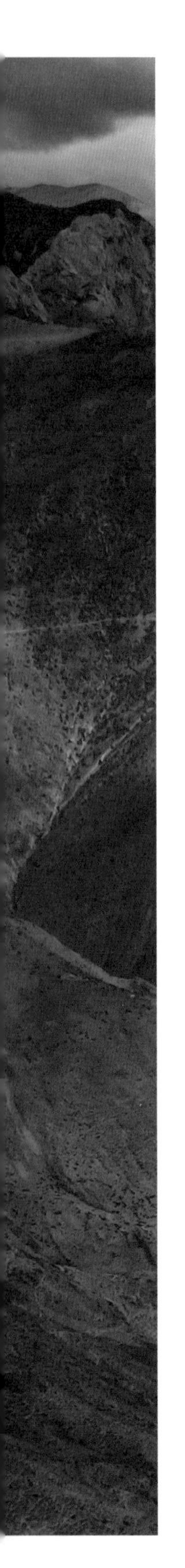

抵达昌都，周边植被恶化严重

第一科考队已经抵达昌都，作为西藏东部重镇，昌都的植被并不乐观，几十年来，昌都人民一直在植树，企图改变光秃秃的周边环境，但是几十年过去了，能看到的仍然是树苗。

在离昌都不远的左贡县，因为周边植被的恶化，整个县城不得不整体搬迁至 10 多千米之外的有林沟谷中。新县城周边的植被已经被严格保护起来。在山顶上，科考队员们看到一片突兀的荒坡，那是 20 世纪 60 年代的一次雷电造成的自然森林火灾留下的。40 多年过去了，被山火烧过的地方依然寸草不生。

青藏高原并不缺水，相反，这是一个水资源储备量丰富的地方，几乎每一个山谷都有大大小小的河流汇集，这些水最终汇集成长江、黄河、澜沧江等大型河流。

但是由于气候干燥，即使距离河流不远，这里的植物仍然得不到河水的滋润。所以，西藏的植被一旦被破坏，就很难恢复。

科考队员的工作就是要通过 5 年一周期的考察，得出西藏森林植被的大体数据，供国家制定宏观森林政策。现在，西藏最大的木材加工厂已经关闭，这便是国家宏观政策的直接体现。

通往左贡县的公路

重返 5 年前的米林县楠依村

5年前的珞巴族村落，村民们的先辈为了躲避战乱，从印度迁徙至中国境内，并从此在这里定居。

这里盛产木材，当科考队来到这个村庄，看不到青壮年，他们大多上山伐木去了。于是两个十多岁的孩子成了镜头的主角，他们要找的是一种飞虫的卵，这种虫子把卵产在水中，并附着在石头上。

村边小河由冰雪融化而成，水温很低，但孩子们似乎已经习惯了。他们钓鱼的饵，就是在河里摸来的虫卵。

珞巴族世世代代打猎为生，钓鱼自然也不在话下。13 岁的阿勇一共钓到 30 多条鱼。

米林县风光

5 年后，当科考队再次来到村中，最大的变化是房屋。为了帮助游牧狩猎民族稳定生活，国家出台了安居政策，村民因此可以得到足够修房子的木材，而且每一户还可以得到至少 3 万元现金建房补助。

与此同时，国家全面采取禁止砍伐的政策，关闭了木材加工厂。和 5 年前相比，村中的青壮年多了一些，他们必须留下来修筑房屋，但大多数的人还是不在家，他们上山挖虫草去了。5 年前孩子们摸鱼的小溪水小了一些，但鱼似乎更多了，科考队的摄影师周建轻而易举就能徒手抓到水中的鱼。

根据这次考察统计，楠依村周边的植被，在国家禁止砍伐的政策出台后，已经得到了很好的恢复和控制。

日喀则林业考察

往返珠穆朗玛峰必须经过的城市是日喀则。日喀则藏语意为“如意庄园”，建城已有600年的历史，是一座古老的城市。

日喀则位于喜马拉雅山脉北麓，雅鲁藏布江宽阔河谷平原上，平均海拔3850米，是西藏的第二大城市。

国家林业局这次考察首次将西藏人工造林纳入了考察范围。

在日喀则，人工造林已经取得一定的成效。

20多年前人工种植的杨树林，被当地人称为林卡，也就是用来避暑郊游的场所。但是，这片小树林对于当地来说，是极其来之不易的。

在去往日喀则的路上，经常能看到这样的场面，几辆大卡车一字排开浇灌两年前种植的树苗。这大概是中国植树造林成本最高的地方了。

日喀则风景图

藏民捡牛粪作为燃料

八浪村寻找 5 年前的阿姐

这一天，科考队要重回 5 年前的故地——米林县八浪村。

大家的心情越来越紧张，它和 5 年前是否一样呢？

5 年前，国家林业局的科考队员就驻扎在这个学校里，学校唯一的老师为他们腾出一间空教室。老师在这个课堂同时教授一年级和三年级的学生，既教数学，也教语文。

窗外，总能看到一个小女孩的身影，孩子们都叫她阿姐，据说，这一年她才 13 岁，她的父母想要把她嫁出去，但阿姐不同意，主动留下来照顾自己的妹妹和阿姨的孩子。

当老师在教室里上课的时候，阿姐就在教室外等着，等着孩子们下课。由于语言不通，队员没能与阿姐沟通。老师告诉他们，她还想上学，可是因为年龄太大，13 岁的孩子无法与其他比较小的孩子们一起上课。而更多的村里人认为，她只是想找个借口逃避婚姻。

在这些孩子里，阿姐是年龄最大的，大家也都愿意和阿姐玩儿。

每天清早，教室里都会传来琅琅的读书声，阿姐则在教室旁边的阿姨家帮阿姨生火。

老师这时也在忙于自己一天的生活，他除了承担这个学校所有的教学任务，还得照顾自己四岁的孩子，生火做饭都得靠自己。

每天早读课的内容就是大班三年级的孩子教小班一年级的孩子朗诵。

5 年过去了，八浪村会是什么样子呢？大家最急切想知道的就是当年的阿姐是否已经出嫁，她现在生活得怎么样呢？

藏民的新居

5 年后，变化最大的是，这里修建起一座石头结构的新房，当年科考队员居住的学校还是老样子，但它的作用似乎发生了一些变化，当年阿姐生火做饭的小木屋已经不见了。

老村长热情地接待了科考队，让大家住进了他自己的家。他为这些 5 年没见的朋友呈上最好的酥油茶。

在老村长家喝过酥油茶，大家便迫不及待地去寻找 5 年前见过的阿姐。

在村中的小卖铺里，看到了第一个熟悉的面孔，她叫明珠。

明珠高兴地带大家去寻找她的阿姨，那么她的阿姨索南央宗是不是大家要找的阿姐呢？

5 年前的学校已经变成了民房，而房子的主人就是索南央宗，也就是阿姐次仁卓嘎的阿姨。

傍晚，村民终于告诉科考队，大家要寻找的阿姐回家了。

队里有人一眼认出，她就是 5 年前镜头里的阿姐。由于阿姐不会说汉语，所以沟通起来比较困难。在她妈妈的口中，大家得知阿姐一共有姊妹四个，她是家中老大，她只读了两年书。

第二天清早，科考队和阿姐以及她的姐妹们一起体验阿姐的生活：上山去挖虫草。由于虫草市场需求量大，虫草价格猛涨，最高时能达到 6 万元人民币一斤（500 克），从而使挖虫草成为藏族人们生活的一个重要部分，挖虫草带来的收入占他们全年经济收入中最大的份额。

5 年前，阿姐最担心的是父母把自己嫁出去，今天她已经完全不用担心，家里人已经不再催促她出嫁，反而更希望她能留在家里，因为这样可以通过挖虫草增加家里的收入。

和阿姐一起的孩子们，都在 14 岁至 16 岁，她们都可以享受国家的 9 年制免费义务教育，但她们都提前退学了，因为在她们看来，上学不会给家庭的经济带来任何好处，而辍学后，挖虫草可以直接为家庭增加收入。

八浪村的海拔为 3200 米，而挖虫草的地方海拔为 4980 米，1700 多米的落差，路程大约 5 千米。在平原地区，这样的 5 千米并不艰难，只需要一个多小时，然而在这样的高海拔山区，这样的 5 千米需要耗费阿姐她们 4 个小时，而队员们此时已经出现了轻微的高原反应。

在接近 5000 米海拔的山坡上，山顶积雪终年不化，雪线下面便是高山草甸，虫草就生长在这里。阿姐的阿姨在阿姐她们到达之前，已经骑马先到达了山顶，她已经挖到了 5 棵虫草。

虫草冬天是虫子的形状，春天它的头部开始长草。阿姐的同伴挖到一只虫草的虫体，从外观看，这条虫子和我们平常看到的虫子没有太大区别。作为藏族人，他们很少吃虫草，他们只知道，这些东西走出山区便能卖钱，每年都有人来他们村子收购虫草。

蝙蝠蛾的幼虫是冬虫夏草生长的基础，在分类学上属于蝙蝠蛾科。

挖虫草

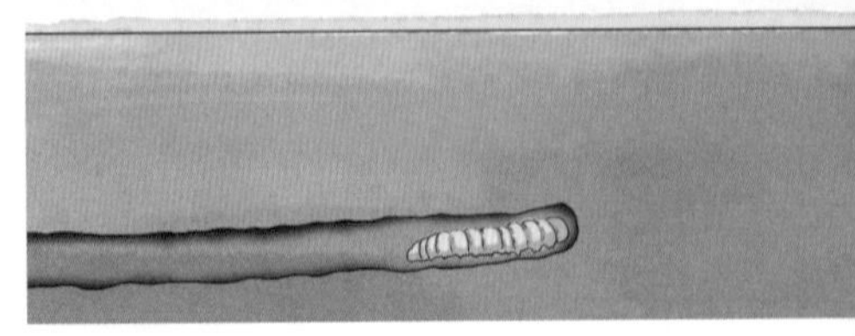
蝙蝠蛾科幼虫

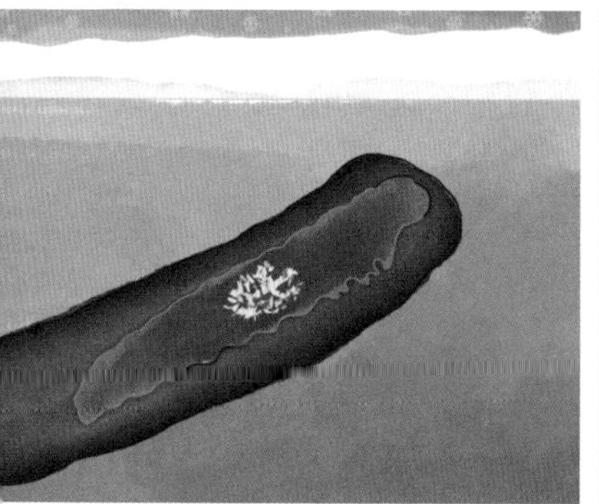

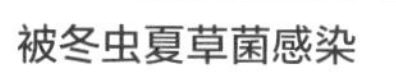

被冬虫夏草菌感染

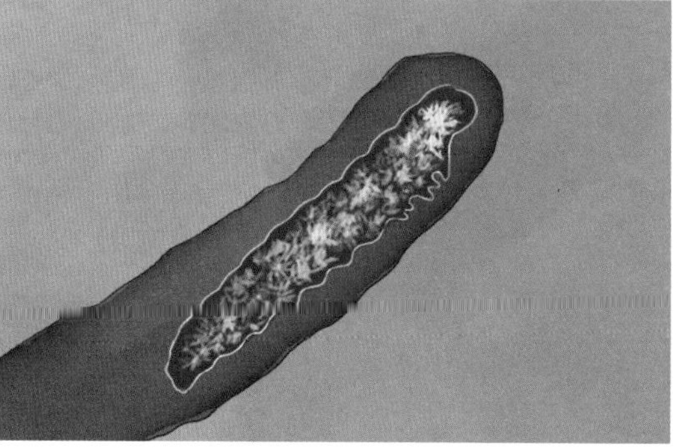

菌丝占据虫体

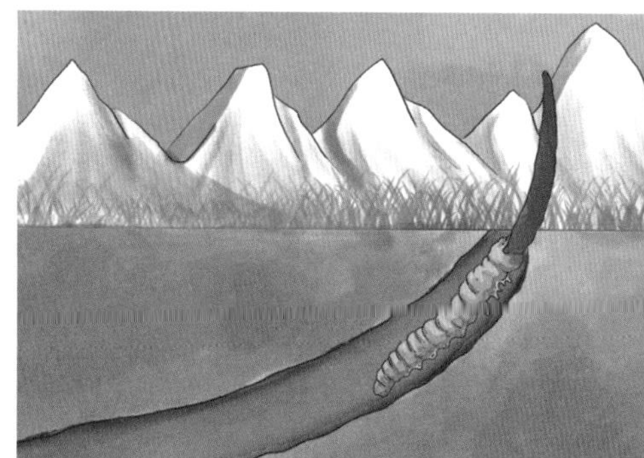

冬虫夏草钻出地面

米林县大峡谷

第二科考队北线乘飞机进藏

在原始森林寻找 5 年前的考察点

在高原的原始森林里，第二小组已经跟随林业考察队员进入西藏米林县。这里是西藏森林资源最丰富的区域，也是这次考察的重点和难点。

这一天，这里没有喜马拉雅山脉的积雪，看上去似乎比 5 年前轻松，科考队的目标是寻找 5 年前勘测的点。

队员们工作很简单，在卫星照片上以"井"字形预先设定调查点。队员们要到现场找到地图上每个一点，以点为圆心，方圆 150 米为半径。测量这个范围内树木的种类、大小、数量等。每一个点的数据都代表该范围周边的植被状况；综合所有的点，构成整个区域的植被数据。这些点，就是科考队员们要去的地方。

5 年前，科考队曾对这个点进行了实地勘测。

因为没有找到当年的向导，队员们只能靠自己的运气，手中的 GPS 为他们指出方向，但是，GPS 到了森林中并没有平原开阔地带那么神通广大，高大的树木会对信号造成屏蔽。这时候，三位队员的 GPS 同时显示，他们的目标点就在左前方 500 米，但高原上的 500 米并不轻松，藏族队员朗杰高声呼喊，希望能得到当地老百姓的回应。

这时，GPS 显示，他们要寻找的点已经在身后。他们不得不原路返回。

西藏原始森林风光

在一般人看来科考队员的工作只是测量一下森林里的树木，得出的结果也只是几个枯燥的数据，但就是这些数据体现的是整个国家环境的变化，同时为国家制定环境政策提供最直接的参考依据。

第二科考组仍然在寻找 5 年前的点，据 5 年前的数据显示，这里应该是成片的云杉，但队员们所见到并不是云杉，是这个点的错误，还是 GPS 指向错误呢？或者这个点已经被人为砍伐破坏了呢？从地上的痕迹看，这里确实曾经遭到过大规模的砍伐。

经过队员们再三讨论，指挥部决定暂停 3825 号点的寻找，队员们原地待命。

3825 号点真的不存在吗？还是已经被人为破坏了呢？

第二科考组寻找 3825 号点失败后，总指挥部不得不把 5 年前考察过这个点的考察员紧急调到米林县，并找来当年的向导。这并不是一段轻松的路程，在将近 4000 米海拔的森林里，陡坡加上高原反应，他们只能爬行，路上他们还必须翻越一段悬崖。

通过 3 个小时的寻找，中午时分，在向导的带领下，队员发现了一个金属标牌，这正是国家林业局科考队特有的标牌，这证明大家已经进入了 5 年前的考察点范围。

随后，大家陆续找到了考察点中心位置，以及周边所有的点。

直到精确地找到 5 年前的 3825 号点，大家的 GPS 所显示的位置坐标仍然没有统一，在这个点上，先进的 GPS 导航系统不仅没有帮助队员们，反而给队员指出了错误的路线，从而造成了队员们第一次寻找的完全失误。

经过队员们测量，3825 号点没有遭到任何人为破坏，测量数据显示，5 年来，这个点周围的植被生长极为缓慢，在数据上没有明显变化，据向导和当年的考察队员介绍，这个点范围内除了有一些小树苗长出来以外，其他几乎没有任何变化。

进军珠穆朗玛峰，考察周边环境

考察珠穆朗玛峰是科考队这一次考察任务的难点，光秃秃的山体毫无生机，但是它的雄壮气势，是世界上其他山脉都无法比拟的。

来自世界各国的登山者和游客都把珠穆朗玛峰作为冒险的终极体验，和队员们同车的四个人就来自三个不同国家。

这是进入珠穆朗玛峰的必经之路，也是珠穆朗玛峰路上最繁

珠穆朗玛峰

登峰爱好者

华的村子，村子可为游客提供简单的补给。

到了珠穆朗玛峰脚下，机动车已经不允许进入核心区，马车是科考队唯一的代步工具。从这里乘马车到达大本营需要半个小时，在山脚下，队员们已经能清晰地看到珠穆朗玛峰犀利的轮廓。

抵达大本营只是攀登珠穆朗玛峰最简单的第一步，大多数游客也只能做到这一步，即使这样，同车的一名游客还是出现了严重的高原反应。

珠穆朗玛峰

在大本营，驻扎了五颜六色的帐篷，现在正是登山季节，这也给当地的老百姓带来了副业。他们在这里筑成了一个临时的季节性小社会，向游客提供食宿和纪念品。

科考队要关注的主题便是这里的环境保护。珠穆朗玛峰几乎不具备自我消化垃圾的能力，即便是人类小小的污染，都会给珠穆朗玛峰的环境带来显而易见的破坏。

在海拔 5300 米的珠穆朗玛峰登山大本营，每年都有两次长达数月的登山活动，成千上万的登山爱好者和旅游者从世界各地先后到这里登山、观光。同时也给珠穆朗玛峰山区遗留下大量的生活垃圾，尤其是各个营地周围的环境都曾遭到不同程度的污染。

在整个登山季节，西藏定日县珠穆朗玛峰保护区管理分局一直派有专人负责大本营的卫生管理，每周进行两次大的清扫活动。在海拔 5000 多米的高原上运送垃圾，靠人力是不可行的，这些牦牛是最大的功臣。

现在走进珠穆朗玛峰，人们会发现这里已经非常干净，除了登山者搭建的帐篷，大本营周围没有登山者遗留下的生活垃圾，没有游客随意丢弃的矿泉水瓶，没有废旧电池。但是处理这些垃圾所耗费的成本也是巨大的。

登山者搭建的帐篷

登峰爱好者

牦牛是高原上运输货物最大的功臣

高原上牵马跋涉的人

徒步一天，进入神秘的大丁卡

这次的考察任务是大丁卡，它位于米林县的一个小山沟里，这也是国家林业局首次对这个村庄进行考察，这里不通公路，只有简单的马道，所以队员们只能依靠步行才能到达大丁卡。队员们找来了很有经验的马夫，他们至今仍然行走于茶马古道，将云南的茶叶等生活物品运到西藏。

队员们一路上遇到的都是前往山沟里挖虫草的藏民，现在正是挖虫草的季节。虽然这一趟是沿着河沟走，但是路并不轻松，队员们必须蹚 3 次河水，翻越 5 次陡峭悬崖。这里的海拔是 3000 多米，所以队员们的动作不能太大，否则会有轻微的高原反应。

中午，队员们抵达河边的一个休息地，这是上午刚刚与队员们擦肩而过的藏民们留下来的，队员们决定就在这里解决午餐。米林县林业局一位退休的老职工为大家做向导，7 年前，他曾经带领一支科考队徒步进入大丁卡。据他回忆，当时花费了 3 天的时间才抵达大丁卡，那是在冬天，大雪没过膝盖。现在这条路上已经没有积雪，但到底需要多长时间到达大丁卡，向导也没有太大的把握。

每人匆匆喝了一碗酥油茶，大家又继续上路了。

还是同样的上坡下坡。下午，驮运行李的马已经累得拒绝行走，队员们也已经筋疲力尽。

傍晚，经过 9 个小时的连续步行，忽然前面豁然开朗，大丁卡就在眼前，这让大家很兴奋，也让向导吃惊不小。这里的积雪已经完全融化，村子也没有太大变化。GPS 也显示，这就是大丁卡。

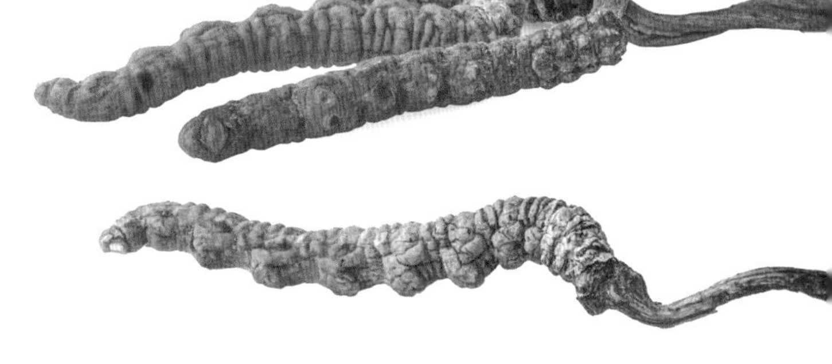

这位老向导跟队员们回忆起 30 年前。那时满山都是牛，最多的人家能有 300 多头，少的也有五六十头。

然而，令人不解的是，村子里今天看不到牛的踪影，甚至连一个村民也没有。这里到底发生了什么呢？

大家没有贸然进入村民的房屋，而是在一间废弃的牛棚里打了地铺。

傍晚天快黑的时候，下起了雨，因为村子里没有人，与大家的原计划相去甚远，大家的吃饭成了最棘手的问题。

方便面远远不够，大家只能煮了些盐茶水先充饥，补充点体力。然而，问题还不至于此，一场雨下来，大家才发现，洁净饮用水源也断了。

向导和马夫决定去寻找洁净饮用水源。在村子后面，山上的积雪还没有融化，即使是这样，一场雨下来，冰雪融化流出的仍然是泥水。

走了好一阵，他俩发现一个沟里有水。万般无奈，他们顾不得那么多，决定就饮用这个水。浑水经过几个小时的沉淀，到了晚上，队员们终于喝上了还算干净的水。

第二天早上，村子里终于出现了一位村民，他是刚刚从山上返回的，他说，所有的村民现在都在山上放牧。村民向大家说出了村子里空空如也的原因。

原来，由于挖虫草的外来人员进入大丁卡越来越多，他们在食物补给不够的时候，就会杀掉大丁卡村民的牛，所以大丁卡的村民们不得不跟随牛群随身看护。

中午，又有四个村民从山上下来回到家里，他们平均三天才回家一趟，取完所需生活用品马上又要赶回山上看牛。之后，大丁卡又重新成为一座空荡荡的孤村。

与此同时，另一支浩浩荡荡的外来大军也向山里走去，他们便是来挖虫草的。由于路途遥远，他们所带行李相对较少，只有简单的帐篷和一些简单食物，而他们在山里至少要生活 10 天。

青藏高原的牦牛

藏民的生活

在另一个山沟，另一支挖虫草的队伍已经升起了炊烟。

在离村子不远的地方，科考队员很顺利地找到了规定的考察点。这是一处从来没有遭到过任何破坏的原始植被。这里良好的自然植被再次向人们展示：西藏的自然条件虽然恶劣，但只要不遭受人类的破坏，这里的森林植被仍然可以保持得非常完好。

在外人看来，大丁卡破旧的房子似乎告诉人们这是一个很穷困的小村庄，但实际上，这是一个非常富饶的村子，自从西藏解放后，这里的人们直接从奴隶社会过渡到社会主义社会，村民们也从过去的农奴翻身变成拥有自己财产的社会主义公民。

按照村子平均每户 200 头牛计算，当时每头牦牛市场价值 4000 元，这样下来，大丁卡平均每户家庭财产都在 80 万元以上，这个数字远远高出中国其他农村，甚至超过很多城镇居民家庭的财产。但是村民们属于游牧民族，他们对自己定居的房屋并不太看重，对于他们来说，他们的全部家产就是他们的牦牛，谁家牦牛最多谁家就最富有。

经过为期两个月的考察，考察队对西藏境内全部有林区域进行了详细资源考察，考察得出的数据，将直接上报国务院，供国家制定宏观的森林、环境政策。

大丁卡的队员们是最后一批撤离西藏的，就在大家即将要离开的时候，天空突然下起了大雪，如同 7 年前格桑来到这里的情形。

队员们下一次再来大丁卡将是 5 年以后，5 年以后的大丁卡会是什么样呢？谁也无法预测。

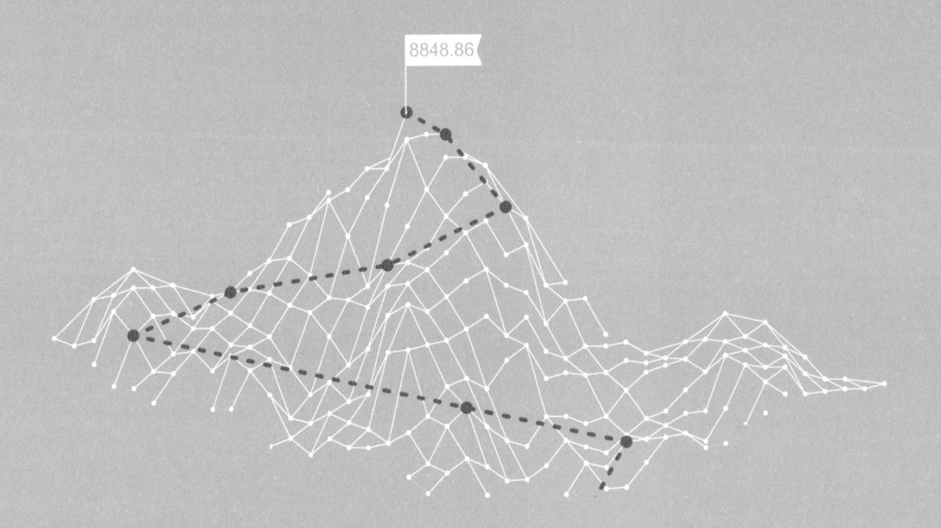
8848.86

第六章

居住在青海湖畔

在青藏高原，年平均日照在3000小时以上，位居世界第二位，太阳能资源丰富，日照时间仅次于撒哈拉大沙漠。拥有如此丰富的太阳能资源，传统的藏民却只能靠捡牛粪、劈柴的方式取暖生活。

2008年11月6日，一支考察队从北京来到了青藏高原，他们考察的目的就是为了充分利用当地太阳能资源，帮助藏民解决冬天的取暖问题。2009年的春天，在青海湖畔，一批被动式太阳能房屋正式开工修建。对于世世代代生活在这里、极其依赖传统生活的牧民，是否能接受新科技房屋给他们带来的生活方式的巨大冲击？他们能一下子适应吗？

所有的这一切让人期待，却又让人忐忑不安。

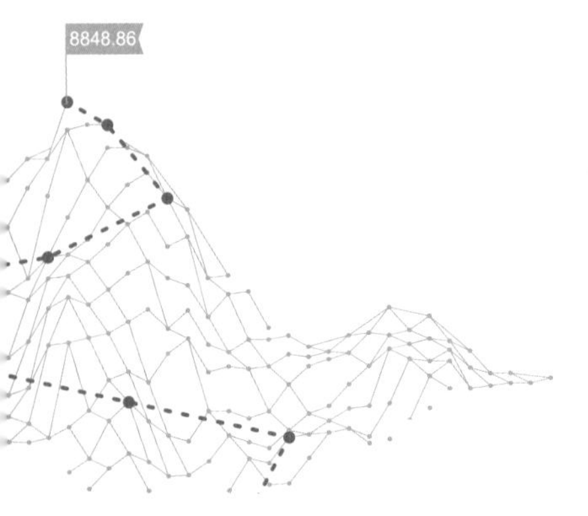

考察藏族牧民生活

考察队来到青藏高原

青藏高原，是中国最大的高原，总面积约250万平方千米，平均海拔在4000米以上，有“世界屋脊”和“第三极”之称。

“地球第三极珠穆朗玛峰大行动”是一个针对珠穆朗玛峰地区设立的集环境保护、教育、科考、民生、改善为一体的综合性社会公益项目。

布达拉宫主体建筑

西藏拉萨布达拉宫

考察队合影

此次考察队来到这里的目的就是要通过考察藏族牧民生活，看牧民生活质量有哪些方面可以得以改善。考察队希望通过专业志愿者的努力，进一步探寻当地可替代能源的应用问题。

布达拉宫——西藏最雄伟的建筑，站在它的面前，每个人的灵魂都会受到震撼。

每年的 11 月，海拔 3600 米的拉萨已经进入冬天，夜里的温度已经降到了零下，但白天，这里的阳光依然很强。

青海湖边牛羊成群

用牛粪羊粪做燃料对生态造成破坏

清晨的太阳照得地面泛起一片惨白，驱车在 109 国道的青藏公路线上，穿越崇山峻岭，复杂的地理环境让世代生活在这里的牧民，过着与众不同的生活。

藏羊是青藏高原上的牧民赖以为生的生活及生产资料，羊肉、羊皮、羊毛都被藏民最大限度地利用了起来，就连羊粪都被藏民当作燃料烧掉。没错，这里的能源极其匮乏，当地的藏民除了树木、草皮当燃料，牛羊的粪便是他们日常的燃料之一。

青藏高原的植被很珍贵，但过度放牧，大量使用牛粪、羊粪做燃料，会导致草原土壤的营养逐步匮乏，而使得草场出现明显的退化，这必然会给当地的生态环境带来破坏。

当地藏民

藏民开始用起太阳能

位于拉萨市郊的朗木寨，这里的牧民人家盖了两层小楼，两层楼朝阳的一面都装了大面积的玻璃，太阳一出来，就透过玻璃照射到屋里。主人觉得进入室内的阳光太强了，还特意做了个布帘来遮挡一层的玻璃窗。

两层的小楼前立着一个太阳灶，灶上的水壶冒着热气，可见当地的太阳辐射实在太强了。青藏高原由于地势高，空气稀薄，透明度大，气候干燥少雨，太阳辐射量大，紫外线强，所以这里生活的牧民皮肤都比较黝黑。

考察队又来到定日的扎果乡扎果村，这里远离大城市，村民的收入要少了许多。村里的房屋大多只有一层楼，只有经济条件不错的藏民建了新的二层楼。

考察队发现，藏民们新建的房子窗户都很大，看来他们已经考虑尽可能地利用太阳能了。有的人家还在厅堂中顶上还开了一个天窗，阳光可以直接照射下来，屋子不仅能通过它采光，而且也能获得热量。

青海湖边的民居

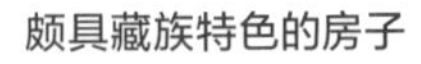

颇具藏族特色的房子

颇具特色的当地民居

利用清洁能源的迫切性

在牧民们的屋顶上还能看到码放整齐的牛粪，这都是女主人捡回用来烧火的牦牛粪便，屋顶上还摆放着很多劈柴。牛粪和劈柴是家里最主要的燃料，由此可见，开发利用清洁能源的工作对保护当地的生态环境是多么重要。

为了这里的蓝天，用清洁能源代替常规能源和化石能源迫在眉睫。清洁能源主要指的是太阳能、风能、生物质能等，这种可再生能源技术，不会对环境造成太大影响。在牧区大量推广使用这种清洁能源，可以解决当地牧民能源紧缺的问题，也是出于保护藏区生态环境的目的。

找到了清洁能源，如何更好地将这几种新能源结合在一起利用，给当地牧民造福，是考察队当下需要解决的重要问题。

屋顶上有码放整齐的牛粪

房顶上还有劈柴

扎什伦布寺建筑中的智慧

离开拉萨后，考察队直奔下一站——日喀则，队员们首先沿着依山而建的扎什伦布寺的外墙绕寺庙走一圈。

扎什伦布寺在海拔 3800 米的高原上，是黄教的六大寺庙之一，也是历代班禅的驻地，曾经是后藏的政权统治中心。

这里，太阳能路灯、热水器等装置随处可见，太阳能技术在这里已经被僧人大量使用。

有趣的是，考察队在建筑的房檐上还发现整齐码放的红色像草一样的东西，这是用来做什么的呢？

其实这种“草”的材料是一种叫作白马草的植物，藏民把白马草捆成一束一束的，然后涂上红色，放在房檐上，据说可以透气、减震。这种草在一般的居民住所是很少见的，只有级别很高的寺庙上才会放这种草。

在这些寺庙建筑中，窗户被工匠涂成了黑色，并且将朝北一侧的窗户开得很小。黑色本身有吸热的功能，通过阳光照射，黑色的窗户会使房间的温度得以提升。从文化意义上来说，黑色在藏式文化里是金刚的意思，代表着坚强。

寺庙墙体比较厚，有比较好的蓄能作用。南侧朝阳的窗户开得比较大，有利于阳光照射进来，北侧的窗户则开得比较小。

考察队被寺庙建筑中的智慧所震撼，这种集大成的寺庙建筑，需要召集很多能工巧匠采用各种的建筑手段才能建成，这种公共建筑和民居建筑的技术手段会有哪些差异呢？

太阳能路灯

房檐上码放整齐的白马草

涂成黑色的窗户

扎什伦布寺

村民建房依旧使用土坯

考察队的下一站是扎西宗乡，要翻越海拔5300米的遮古拉山口，这里距离珠穆朗玛峰不远，从扎西宗乡可以看到远处连绵不断的雪山群，有几座山峰高高耸立，最高的就是珠穆朗玛峰。

考察队到达这个乡的时候，正好赶上村里有一户人家盖楼，对于想全面了解藏式民居的考察队来说，这是最好的现场教材。

考察队发现这户人家盖的房子四面的墙壁是用土坯砌成的，随着混凝土等建筑材料的出现，以及庄廓格局的运用，这种做法即使在内地的农村也很少使用了，但在这里，土坯却仍然被广泛使用。

为什么这里还用土坯砌成的墙壁？因为这种墙壁冬天蓄热，夏天隔热，能够适应高原气候条件变化的需要，而且成本低，居民能够就地取材。

扎西宗乡能看到远处的珠穆朗玛峰

扎西宗乡的夏天

村民建房对储热功能的考虑

扎西宗乡这里的村民建房之前会先考虑朝向问题，除了会征求喇嘛的意见以外，还会充分考虑是否能利用太阳能这方面的因素，所以窗户都会朝南开。

这里一年四季风沙较大，所以根据气候特点，工匠还用高高厚厚的墙把房屋围在里面，当地人称它为庄廓格局，具有接收太阳光和储

房间窗户朝南

备热量的功能。

工匠们一般是先打墙后盖房，盖房的时候是立柱以后将墙体砌好，墙体采用的是很厚的夯土墙。房子是贴着墙盖的，贴着墙盖立完柱以后做表墙，表墙和外头围墙之间是要封起来的。封起来以后就形成一个双墙。这样墙的保温效果非常好。

房间保暖问题如何突破

房间的保暖问题还能有更大的突破吗？考察队里来自清华大学的肖伟开始了他的实验。

他在村民屋顶上架设了用于记录太阳辐照和温度、湿度的仪器，并用防风防水透气材料进行仔细包裹，以保证仪器在高原恶劣的气候情况下能够正常进行记录工作。而后，他又在房屋内设置了两个温度、湿度记录仪，开始数据的采集工作。

下午 4 点，村民开始做饭，室内温度就明显升高。到傍晚 7 点半温度达到最高点，到了晚上 10 点前后要熄火了，温度开始下降，降到最低点是早上的 7 点半。

防风防水透气膜可否用于房屋保暖上呢？回到北京，肖伟第一时间就来到清华的实验室对防风防水透气膜进行实验，实验结果表明这种材料不但可以加强房屋的气密性、水密性，同时又令围护结构及室内潮气得以排出，充当屋面防水材料，从而达到保温节能的效果，用在冬季主要受风面还可以帮助提高建筑耐久性，保证室内空气质量。

防风防水透气膜材料用于建筑围护结构已经有 30 多年的历史了，在美国和欧洲主要用在墙体，或者用在剖面作保护层，起到防风、防水、透气的作用。

西藏地区的清洁能源非常丰富，而如何合理将科技材料使用在节能房屋上，是考察队需要思考的难题。

青海和西藏同属于青藏高原板块，位于青藏高原东北部，全省平均海拔 3000 多米，是地球上除西藏以外距离太阳最近的地方，这里年平均日照时间在 3000 个小时以上，是中国日照时数多、总辐射量大的省份。总体来说，青藏高原拥有很好的自然资源，但是由于知识、技术等方面的原因，这些资源还没有很好地利用起来。所以在青藏高原比较高的海拔地区都能够建一些太阳能型的住宅，把这种住宅推广到青海也就不是难题。

当地藏民家居陈设

考察队在屋顶放数据采集的仪器

对防风防水透气膜进行实验

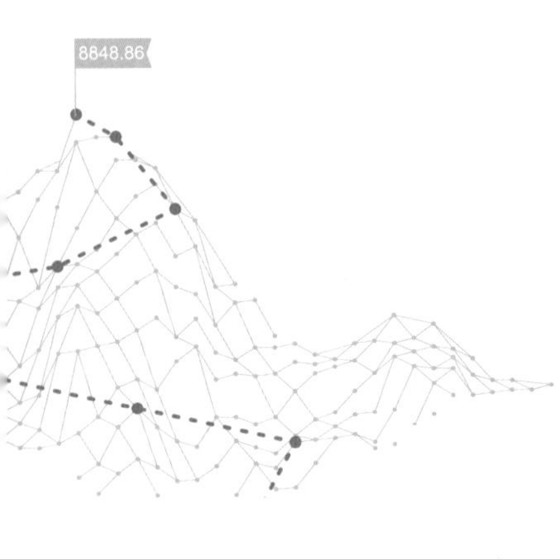

新型房屋改善藏民生活

新型房屋与牧民感受

青海湖的早晨格外美丽，牧民迎着朝阳，新的一天开始了。传统的藏民世代都是以游牧生活为主，牧民们放羊的地方通常建在离湖区较远的深山里，远远望去，牦牛牦羊如珍珠般散落在山腰中。

这是一户面积约 10 平方米的牧民家的帐篷。清晨，他们的第一份工作就是给牦牛挤奶，这家的女主人正在从刚刚挤好的牛奶中将酥油和

青海湖畔的牛羊

山腰的牛羊

牧民们的游牧生活

女主人为放牧的男人们准备早餐

奶分离出来。他们喝的奶茶、吃的糌粑，几乎生活中的一点一滴都离不开帐篷外面这些放养的牦牛和牦羊。如果被定居下来，世世代代沿袭了上千年游牧生活的他们会不会感到束缚呢？

青海湖畔

新型节能房屋设计和建造

青海湖是中国最大的内陆咸水湖，环湖周长约 360 千米，四周被巍巍的高山环抱。据说，过去牧民骑马环湖一圈大概需要一周时间，一望无际的湖面上，蓝天、碧水、黄沙，朦胧一线仿若通向天边，周围是绿茵如毯的茫茫草原。驱车行驶在青海湖畔，不时还能看见自发组织在一起环湖登车的“驴友”。

这里水源充足，漫步在风光旖旎、碧波荡漾的湖边，在充满诗情画意的迷人景色下，聚集着来自世界各地观光旅游的人们。金黄色的油菜花迎风飘香，也许是青海湖的美景把他们吸引，也许是湖边牧民的热情把他们打动。

最终，示范性节能房屋的位置选定在位于青海湖南岸的海南藏族自治州共和县倒淌河镇甲乙村，这里海拔 3200 米，距青海湖岸仅有数百米之遥。但是在这里建造清洁能源房屋的前提是不影响青海湖周边的生态环境，尊重当地地域文化特色。

青藏高原是世界上高原冻土分布最广泛的地区，它是一种埋藏于地下，和冰冻结在一起的土壤，有着和冰一样的物理特性，夏季遇热物理融化，冬季冻胀隆起，它犹如凹下的陷阱，时刻威胁着人类建筑工程。

基于这种情况，在建房之前，要考虑的有几个关键问题：一个是基础埋深问题，毕竟青藏高原地区寒冷，冻土的深度是在 1.5 米左右，从保温的角度考虑，基础埋深到底要往下做多少合适；二就是外墙如何能够更好地保温。

在中国建筑设计研究院里，考察队在节能房屋的设计图纸中，融入了保温技术、蓄热技术、光伏发电技术和沼气技术。

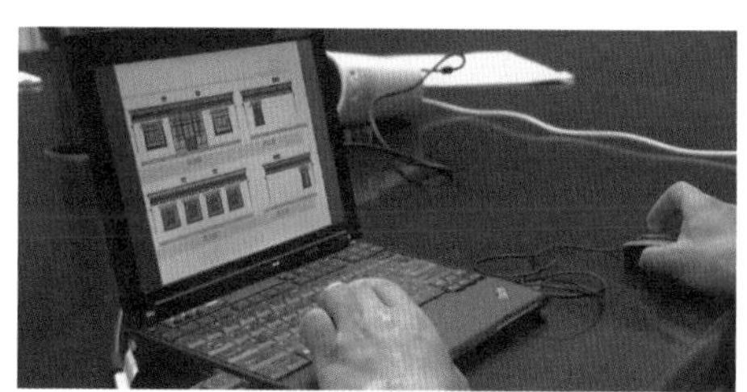
设计人员在设计节能型房屋

房屋设计图

新型房屋地基埋深处理

2009 年 6 月，节能房屋建设正式开始。

打地基，直接关系到建筑的质量问题，在最初这个基础环节上，施工方与设计师在图纸设计上产生了分歧。施工方坚持要按照当地传统打地基的习惯，认为基础埋深在地下五六十厘米就可以了，但是节能房的设计师则考虑到当地的冻土层很厚，有 1.5 米左右，地基应该设在冻土层以下才比较合理。

此外，地基埋深深度还和外墙保温设计有直接关系，在冻土层比较深的地方，由于地表以下很长一段距离的温度依然很低，设计师把外墙保温材料向下延伸到室外地平面以下大于 450 毫米的地方。这样做的目的是让这个保温效果更好一些，避免地下的冷气进入室内。

每一个建筑最耗时费工的就是地基阶段，仅仅地基、外墙基础建设就花掉了工程队整整两个月的时间。

要保证节能太阳房的温度，有三个方面需要注意：一是房间本身有热量；二是房间的蓄热功能；三是如何向房间供暖。每一个环节都非常重要。

节能房屋的结构主体用的都是当地的材料，只是在它的外墙的维护结构这部分进行了一部分新材料的使用。

青藏高原地下冻土

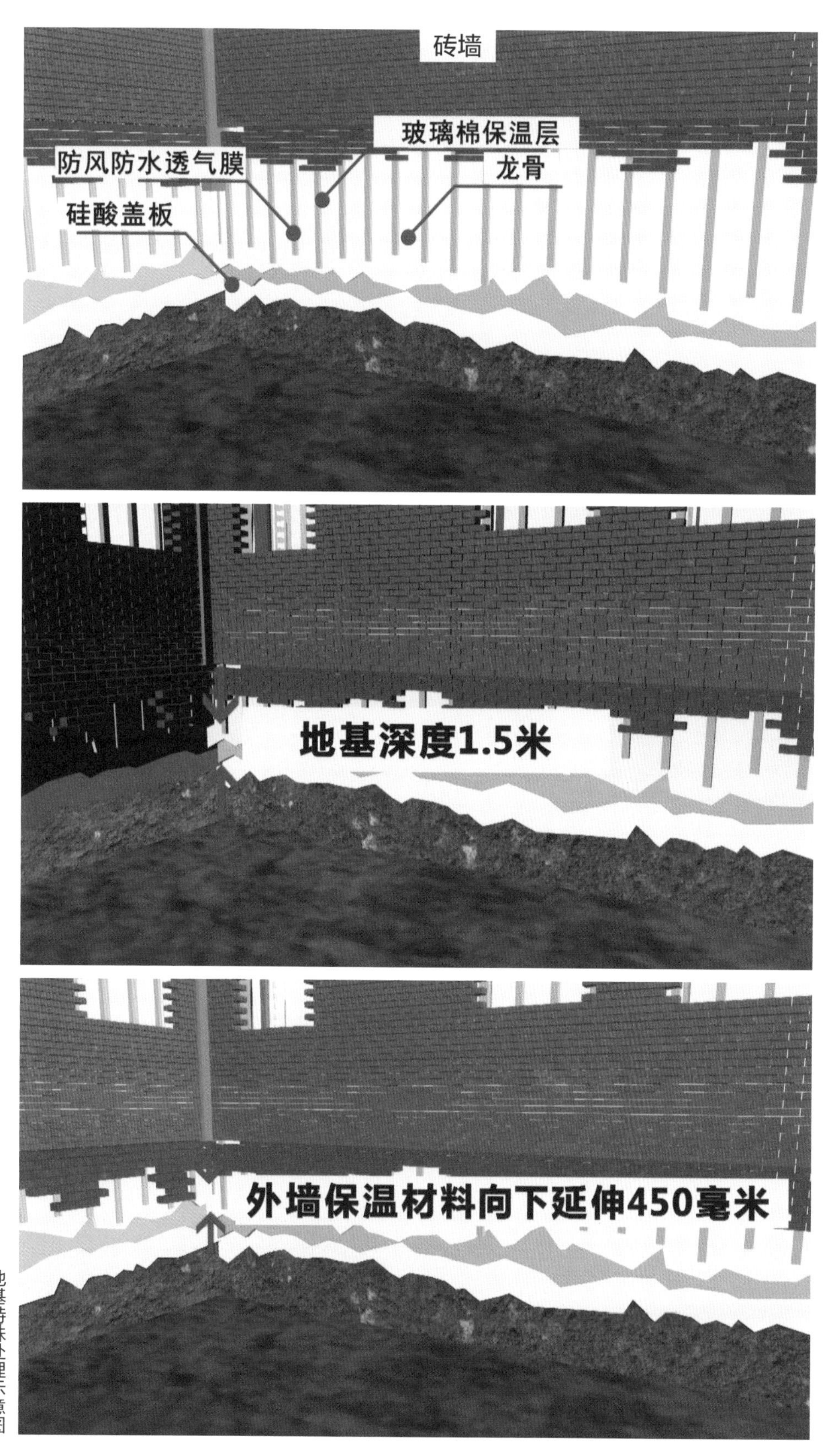

地基特殊处理示意图

青海湖畔

房屋的阳光间

节能房到底如何实现保温？

房屋有一个阳光间，冬天的时候阳光进来，短波辐射变成长波辐射，热量通过窗户和门转到室内，供室内取暖。玻璃是抗紫外线的三层中空玻璃，冬季可以阻隔热量的散失。

窗户的面积是经过合理计算的，既保证了室内的采光，又能让阳光充分照射进来。

阳光间上面有四块光伏电板，这四块光伏电板能把光能转换为电能，用来带动一个发电风机。房屋上的空气集热器里面会把

建好的房屋

阳光通过玻璃进入房间

建好的房屋

冷空气通过太阳能加热变成热空气，白天的时候风机把热空气抽到地下卵石层里面，然后晚上再通过这个风机把卵石层储存的热量抽上来供室内取暖。

集热技术

阳光间的设计构想，还要追溯到考察队来朗木寨村调查时的一个偶然的发现。

考察队在附近的村落考察过一户人家，进入一楼后看到那些摆放在玻璃房内的花草生长得很茂盛，这在西藏的冬天是很难看到的景象，太阳房里就像一个温室。

在这户人家的二楼，考察队完整地看到了没有被遮挡的太阳房，它实际上和内地城市里封闭的阳台很像，或者说就是封闭阳台，用玻璃把阳台全部封闭起来，形成一个比较完整的空气室，阳光通过玻璃照射到这个空间里，里头空气的温度就会升高，因为它是和外界隔绝的，所以热量不会散发掉，打开通往室内的窗户，对流只能跟室内进行，热空气进入室内后，卧室的温度就能升高。

但是这户人家没有考虑到的是这样的设计夏季阳光房里的温度过高，人都待不住。

和当地牧民以往的旧居不同，新型太阳能节能房屋的阳光间设计上解决了夏季人居住在里面温度过高的烦恼。因为节能房的开窗面积都是经过计算的。

适合的开窗面积可以保证冬天房间关闭窗户以后，窗户能够起到很好的吸收太阳热量的作用。而在夏天把窗子打开了以后，它能够起到很好的通风作用，不会像普通的阳光间到了夏天以后屋子里的温度非常高。

色彩缤纷的窗户是藏族建筑的特点

外墙保温

而为了让外墙也有很好的保温效果，外墙用的是24砖墙，外面做的木龙骨，里面填充了十厘米厚的玻璃棉保温层，这样就能很好地保温隔热，冬季的时候能阻止室内热量散失。

另外，施工方还在玻璃棉外面铺附了一层防风防水透气膜，它的作用就是阻隔风雨对玻璃棉的侵蚀，使玻璃棉的性能正常发挥，长久地维持保温的作用。最后在透气膜的外面还挂了一层硅酸盖板，刷上涂层成为房子的外立面。比起简单的增加墙体厚度，这种复合墙体的保温效果好得多。同时，这样做还能大大地节约耗材。

由于青海地区日夜温差大，到了晚上，白天积累的热量流散较快，蓄热技术在节能房屋中的使用显得格外重要，设计师在卧室两侧靠近阳光一侧的墙壁上设计使用相变材料，白天将热量储存起来，到了夜晚室内温度低于临界温度时，再将热量释放至室内。

外墙保温示意图

鹅卵石蓄热

要保证蓄热，就要用一种蓄热性能比较好的材料，从当地的可获取的材料就是一种鹅卵石。

这种卵石蓄热供热地板，能将屋顶太阳能空气集热器在白天收集的热量，转移并储存在卵石蓄热层中。到了晚上，室外温度下降，牧民只要打开卵石层出风口抽风机的开关，就能将卵石中储存的热量，成功转移到室内进行取暖生活了。

设计师在地下布置了一部分卵石，这样热空气经过这个卵石再送到这个屋子里来，实际上就是通过把卵石加热的方式起到蓄热的作用。

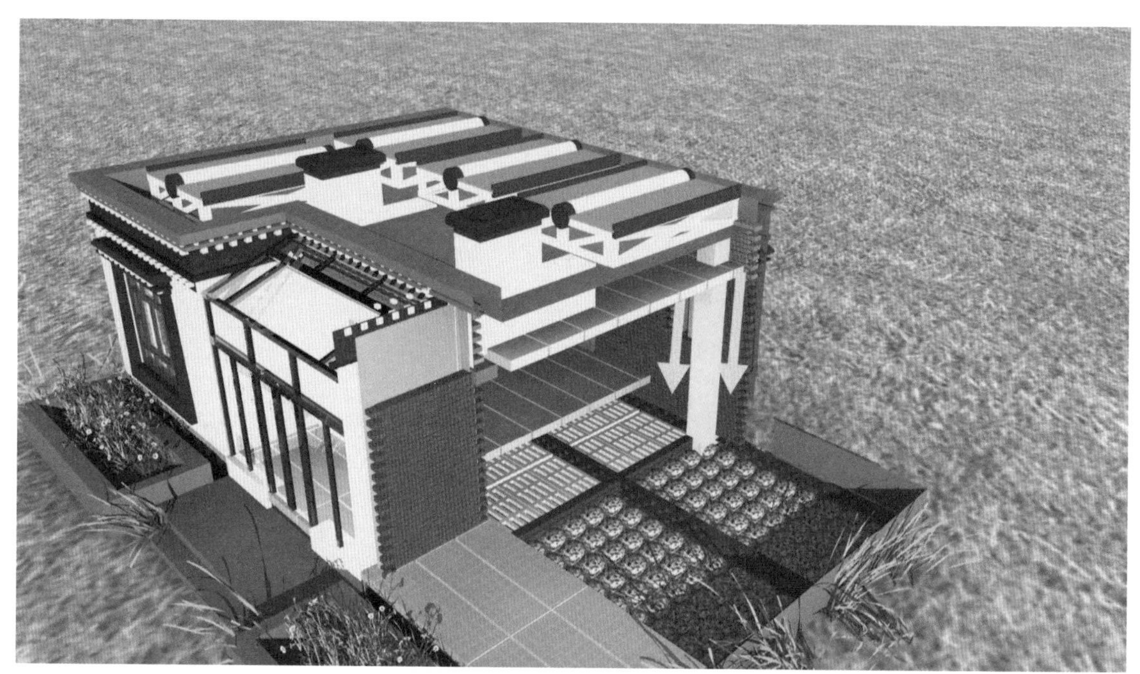

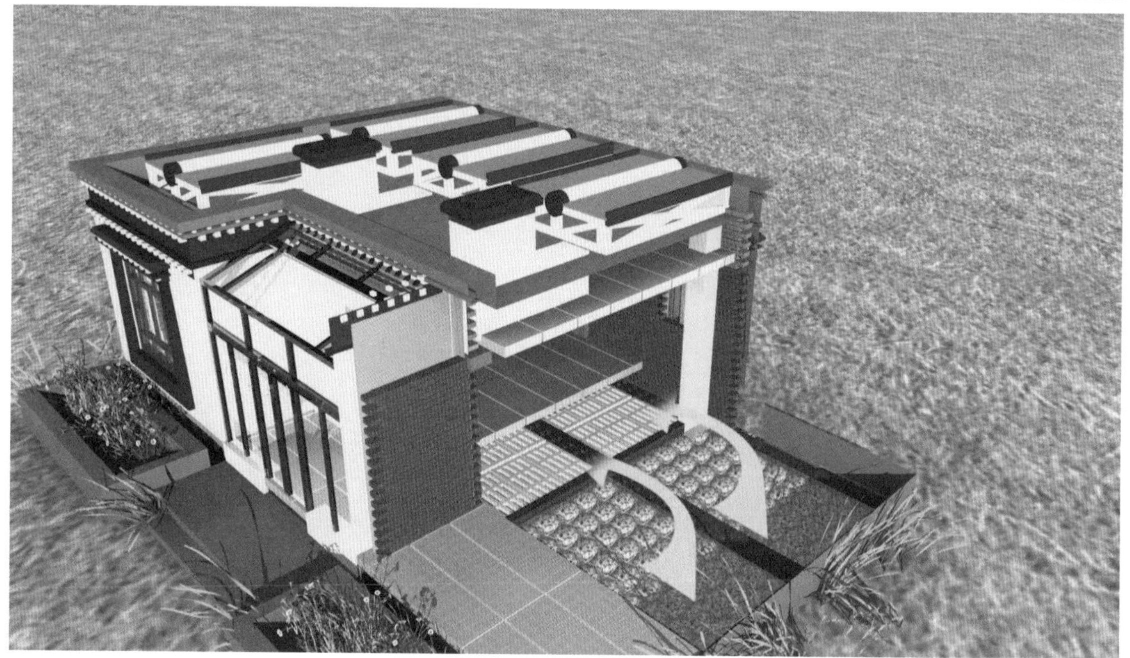

鹅卵石蓄热效果图

沼气作为生活燃料

设计师根据牧民的生活特点，在这些建筑的畜棚里，设计了沼气池，利用这些养殖牲畜的粪便，在一定的温度和湿度，一定的厌氧环境中，通过发酵产生可燃气体沼气。

一方面通过沼气给牧民提供部分生活燃料，另一方面可以通过沼气给小区发电，形成一整个能源供应体系。生活在节能房屋中的牧民，依然可以进行畜牧生产。

节能房的建设把青藏高原上的太阳能资源充分利用起来了，这样牛羊的粪便能够留到草场，有利于草场的养护。所以，节能房的建设不但改善了牧民的生活，同时还有利于生态环境的可持续发展。

青海湖畔花海

青海湖边的民居

房屋建造完成，藏民幸福感倍增

2010年，金秋之际，历时一年的房屋建造即将完工。牧民们日夜期盼，竣工之日在不知不觉中悄悄逼近。

夜幕降临，9月的青海湖温度已经降到零摄氏度左右。牧民们只要想到今年冬天即将搬进这些节能新居里过冬，脸上不时洋溢出的笑容无法掩盖他们内心的渴望和激动，幸福感油然而生。

不久的将来，家中的孩子们可以就近上学，老人们可以就近问医，在这个依山傍水的青藏高原上，在这个世世代代赖以生存的土地上，牧民们怀揣着对新生活的向往，迎接即将到来的崭新生活！

村民在建设房屋

外墙墙面粉刷

青海日月山

日月山上的节能房屋

青海湖以东至日月山，海拔最高点为4877米。这一带是青海省风能资源最丰富地区之一，利用高原风力强的特点，可以满足建设大中型风电场要求。

十套节能建筑中，唯一一套被设计成了120平方米的二层，站在二层朝北的观景外廊上，连绵起伏的沙山，与蓝天、碧水、黄沙融为一体，仿佛青海湖就在脚下，触手可及。

这个外廊的窗子开得非常大，朝向青海湖。能够很好地把青海湖的景观引入这个建筑里来。

日月山因山体呈现红色，古代称为“赤岭”。日亭、月亭在当年公主驻足的地方高高耸立，站在亭前西望，当年崎岖艰难的路程如今已变成了连接汉藏人民的康庄大道。

考察队发现这里挂满了经幡，按照藏族的风俗，经幡一般有五种色彩，蓝色象征蓝天，白色象征白云，红色象征火焰，绿色象征绿水，黄色象征黄土或者大地。经幡代表了藏族同胞的信仰，五色经幡随风飘舞，每飘动一次，就是向上天传送一遍真诚的祈祷。他们希望以此获得上苍给予的温暖阳光、滋润雨露。

中华人民共和国成立后
青藏高原综合科学考察研究历史年表

1951
1953

1951 年和 1953 年，中央文化教育委员会组织西藏工作队，分两批进入西藏，对其东部和中部进行考察。这是中华人民共和国成立以后的第一个综合科学考察队。

1959
1960

1959—1960 年，中国科学院和国家体委组织中国珠穆朗玛峰登山科学考察队，完成以珠穆朗玛峰为中心的 7000 平方千米范围的科学考察，较系统地阐述该地区的自然环境特点，划出自然垂直带，确认其现代冰川处于强烈消融的退缩阶段。

1959
1962

1959—1962 年，中国科学院西部地区南水北调综合考察队，在川西和滇西北的横断山区范围内，开展了以引水路线工程地质条件和引水地区自然资源综合开发为中心的考察研究。

1960
1961

1960—1961 年，中国科学院西藏综合考察队，对川藏公路和青藏公路沿线、藏北黑河地区和藏南的日喀则、江孜地区的自然条件、地质、农牧、水利和经济等进行考察。

1964

1964 年，中国科学院和国家体委组织的希夏邦马峰登山队科学考察队，在海拔 5700 米的新近纪地层中发现高山栎植物化石，推测自新近纪末期以来希夏邦马峰上升约 3000 米；对第四纪划分三次冰期。

1966
1968

1966—1968 年，中国科学院西藏科学考察队，以“喜马拉雅山的隆起及其对自然界与人类活动的影响”为中心课题，对西起吉隆，东至亚东，南自国界，北及藏南分水岭的珠穆朗玛峰地区进行了地质、地理、气象、测绘和高山生理等方面的综合科学考察。

1972

1972 年，中国科学院召开珠穆朗玛峰地区科学考察学术会议，进行全面总结，考察出版《珠穆朗玛峰地区科学考察报告》，编绘珠穆朗玛峰地区 1 ： 50000 的地形图。

1973

1973 年，成立中国科学院青藏高原综合科学考察队，拉开了对青藏高原进行大规模综合科学考察的序幕。

1973
1976

1973—1976 年，中科院青藏队对西藏自治区进行全面系统的综合考察，编著出版《青藏高原科学考察丛书》34 部，共 47 册。

1975

1975 年，再次组成珠穆朗玛峰登山科学考察分队，对珠穆朗玛峰地区进行地质、气象、高山生理和测量方面的考察研究，出版包括地质、气象与环境和高山生理 3 个分册的《珠穆朗玛峰科学考察报告》。

1980

1980 年，中国科学院举办青藏高原科学讨论会，编辑出版两部英文版的青藏高原科学讨论会论文集。

1981
1984

1981—1984 年，中科院青藏队将考察研究的重点转移到横断山区，包括横断山脉的形成和地质历史，横断山区自然地理特征及其与高原隆起的关系，自然垂直地带的结构及其规律，生物区系的组成与自然保护等。

1987
1992

1987—1992 年，中科院青藏队对喀喇昆仑山和昆仑山地区进行综合考察。主要研究地质特征、碰撞机制与东特提斯的演化，晚新生代以来的隆起过程及自然环境变化，生物区系的特征、形成与演化，自然地理环境特点、区域分异及演化趋势。

1989
1990

1989—1990 年，中国科学院和青海省共同组建可可西里地区综合科学考察队，在青海西南部以可可西里山为主体的广大区域开展研究，成果包括《建立青海可可西里自然保护区的可行性论证报告》以及《可可西里地区自然环境》《可可西里地区生物与人体高山生理》等专著。

1992
1996

1992—1996 年，青藏高原综合考察研究被纳入国家攀登计划，“青藏高原形成演化、环境变迁与生态系统研究”被列为国家重大基础研究项目。

1999
2009

1999—2009 年，“973”项目阶段，使青藏高原理论研究向纵深发展。主要研究青藏高原形成演化及其环境、资源效应，以及青藏高原环境变化对全球变化的响应与适应对策研究。

2017

2017 年，第二次青藏高原综合科学考察正式启动，主要成果：青藏高原生态系统趋好的同时，潜在风险增加；亚洲水塔失衡，冰崩等新灾、巨灾频发；喜马拉雅山与冈底斯山隆升历史存在明显差异，导致新的生物演化模式。

2022

2022 年，开启了“巅峰使命”2022——珠峰极高海拔地区综合科学考察研究，聚焦水、生态、人类活动，着力解决青藏高原资源环境承载力、灾害风险、绿色发展途径等方面的问题，有望首次实现登顶采样，执行梯度气象站架设、顶峰浅冰芯钻取和顶峰雷达测厚等工作任务。